三维场景
设计与制作

王婷婷 郭玥 李瑞森 著

清华大学出版社
北京

内 容 简 介

本书是一本系统讲解三维游戏场景制作的专业教材。内容上主要分为概论、三维软件基础操作、游戏引擎基础和三维游戏场景实例制作讲解等几大部分。概论主要讲解三维游戏场景设计的基础知识；三维软件基础操作主要讲解3ds Max软件在游戏制作中的基本操作流程、规范、技巧及常用游戏制作插件的高级应用技巧；游戏引擎基础主要针对市面主流游戏引擎进行介绍，同时专门讲解Unity引擎的基本操作和实用技巧；三维游戏场景实例制作部分通过各种典型的三维游戏场景项目案例让读者掌握网络游戏场景的基本制作流程和方法。

本书既可作为高校动漫游戏设计专业及培训机构的教学用书，也可作为初学者入门三维游戏场景设计和制作的基础读物。

本书封面贴有清华大学出版社防伪标签，无标签者不得销售。
版权所有，侵权必究。举报：010-62782989，beiqinquan@tup.tsinghua.edu.cn。

图书在版编目(CIP)数据

三维场景设计与制作 / 王婷婷，郭玥，李瑞森著. —北京：清华大学出版社，2021.1(2023.7 重印)
ISBN 978-7-302-56894-0

Ⅰ．①三… Ⅱ．①王… ②郭… ③李… Ⅲ．①游戏—三维动画软件—程序设计 Ⅳ．① TP391.414

中国版本图书馆 CIP 数据核字 (2020) 第 226802 号

责任编辑：张彦青
封面设计：李　坤
责任校对：李玉茹
责任印制：杨　艳

出版发行：清华大学出版社
网　　址：http://www.tup.com.cn，http://www.wqbook.com
地　　址：北京清华大学学研大厦 A 座　　邮　编：100084
社 总 机：010-83470000　　邮　购：010-62786544
投稿与读者服务：010-62776969，c-service@tup.tsinghua.edu.cn
质 量 反 馈：010-62772015，zhiliang@tup.tsinghua.edu.cn

印 装 者：天津安泰印刷有限公司
经　　销：全国新华书店
开　　本：185mm×260mm　　印　张：20.5　　字　数：495 千字
版　　次：2021 年 3 月第 1 版　　印　次：2023 年 7 月第 4 次印刷
定　　价：68.00 元

产品编号：083288-01

前　言

从世界上第一款电子游戏的诞生到如今飞速发展的网络游戏，虚拟游戏经历了几十年的发展，无论是在硬件技术还是软件制作方面，都有了翻天覆地的变化，虚拟游戏现在已经发展为包括十几个类型在内的跨平台数字艺术形式，被誉为人类文化中的"第九艺术"。与其他艺术相比，虚拟游戏最大的特色就是给用户带来了前所未有的虚拟现实感官体验，它比绘画更加立体，比影像更加真实，再配以音效的辅助，让人仿佛置身于一个完全真实的虚拟世界当中。

早期的游戏制作通常都是由一个人或者几个人共同完成的，游戏设计师需要掌握编程、美术、设计等多方面的知识。而随着世界游戏产业化发展和市场化进程，如今的游戏制作领域已不再是仅仅数人就可以完成的"兴趣制作"，取而代之的是团队化的制作管理体系，游戏制作公司需要的是拥有各自专业特长和技术的设计人员，他们就像精密仪器上的微型元件，所有人都在自己的岗位上发挥着不可替代的作用。所以，定向培养属于自己的专属技能成为如今游戏制作培训和技能学习的重要内容。

本书以"一线实战"作为核心主旨，专门讲解当前一线游戏制作公司对于实际研发项目的行业设计标准和专业制作技巧，同时选取三维游戏场景制作作为主题和讲解方向，是一本系统、专业的三维游戏场景设计教材图书。本书在整体框架和内容上主要分为概论、三维软件基础操作、游戏引擎基础和三维游戏场景实例制作讲解等几大部分。书中讲解了大量一线游戏制作实际项目案例，内容上由浅入深、循序渐进，同时配以大量形象具体的软件操作界面截图，让读者的学习过程变得更加直观、便捷。

本书既可作为高校动漫游戏设计专业及培训机构的教学用书，也可作为初学者入门三维游戏场景设计和制作的基础教材。对于刚刚入门游戏制作领域的读者，通过本书可以了解目前最为先进与前沿的三维游戏制作技术；对于有一定基础的读者，本书更能起到深入引导和晋级提升的作用。为了帮助大家更好地学习，在随书资料中包含了所有实例制作的项目源文件，同时还附有大量图片和视频资料以供学习参考。

由于编者水平有限，书中疏漏之处难免，恳请广大读者提出宝贵意见。

编　者

目 录

第1章 三维游戏场景设计概论

1.1 三维游戏场景的概念 / 1
1.2 游戏场景制作技术的发展 / 6
1.3 三维游戏场景的分类 / 11
    1.3.1 三维写实游戏场景 / 12
    1.3.2 三维写意游戏场景 / 14
    1.3.3 三维卡通游戏场景 / 14
    1.3.4 三维Q版游戏场景 / 15
1.4 三维游戏场景制作流程 / 16
    1.4.1 确定场景规模 / 18
    1.4.2 设定场景原画 / 19
    1.4.3 制作场景元素 / 20
    1.4.4 场景的构建与整合 / 21
    1.4.5 场景的优化与渲染 / 22
1.5 游戏美术设计师职业前景 / 23

第2章 三维游戏场景制作软件及工具

2.1 3ds Max 三维制作软件 / 26
2.2 贴图制作插件 / 30
    2.2.1 DDS 贴图制作插件 / 30
    2.2.2 无缝贴图制作插件 / 33
    2.2.3 法线贴图制作插件 / 38

2.3 三维游戏场景制作插件 / 42
    2.3.1 GhostTown城市生成插件 / 42
    2.3.2 SpeedTree植物生成插件 / 48

第3章 3ds Max 软件基础

3.1 3ds Max软件基础操作 / 50
    3.1.1 3ds Max软件的安装 / 50
    3.1.2 3ds Max软件界面与视图基础操作 / 53
3.2 3ds Max模型的创建与编辑 / 62
    3.2.1 几何体模型的创建 / 62
    3.2.2 多边形模型的编辑 / 65
3.3 三维模型贴图的制作 / 74
    3.3.1 3ds Max UVW 贴图坐标技术 / 74
    3.3.2 模型贴图的制作 / 81

第4章 游戏引擎编辑器

4.1 游戏引擎的概念 / 89
4.2 游戏引擎的发展 / 92
    4.2.1 游戏引擎的诞生 / 92
    4.2.2 游戏引擎的发展 / 94
    4.2.3 游戏引擎的革命 / 95

4.3 游戏引擎地图编辑器功能介绍 / 99
    4.3.1 地形编辑功能 / 99
    4.3.2 模型导入 / 103
    4.3.3 添加粒子特效和场景动画 / 104
    4.3.4 设置物体属性 / 104
    4.3.5 设置触发事件和摄像机动画 / 106
4.4 世界主流游戏引擎介绍 / 106

第5章 三维游戏场景元素模型制作

5.1 三维游戏场景元素模型的概念及分类 / 119
    5.1.1 三维植物模型 / 119
    5.1.2 三维山石模型 / 124
    5.1.3 三维场景道具模型 / 128
5.2 游戏场景植物模型实例制作 / 129
5.3 游戏场景山石模型实例制作 / 145
5.4 游戏场景道具模型实例制作 / 154

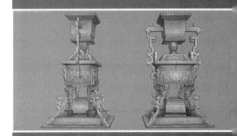

第6章 三维游戏场景建筑模型制作

6.1 三维游戏场景建筑模型的概念及分类 / 171
6.2 三维游戏场景建筑模型实例制作 / 175
6.3 三维Q版游戏场景建筑模型实例制作 / 196

第7章　三维游戏场景关隘实例制作

7.1　关隘场景模型的制作　/　210

7.2　为场景模型添加贴图　/　219

7.3　三维模型与地图场景的拼接与整合　/　223

第8章　三维游戏场景军营实例制作

8.1　军营场景模型的制作　/　226

8.2　为场景模型添加贴图　/　241

8.3　三维模型与地图场景的拼接与整合　/　244

第9章　三维游戏场景洞窟实例制作

9.1　洞窟场景的制作流程　/　246

9.2　洞窟场景模型的制作　/　250

9.3　为场景模型添加贴图　/　260

9.4　场景的布光处理　/　264

9.5　三维模型与地图场景的拼接与整合　/　265

第10章　三维游戏室内场景实例制作

10.1　三维游戏室内场景的特点　/　269

10.2　游戏室内场景实例制作　/　273

    10.2.1　室内场景空间结构的搭建　/　273

    10.2.2　室内建筑结构的制作　/　277

  10.2.3 场景道具模型的制作　/　285

  10.2.4 场景贴图的处理　/　293

10.3 游戏引擎室内场景实例制作　/　297

  10.3.1 3ds Max 模型的制作　/　297

  10.3.2 模型的优化与导出　/　304

  10.3.3 游戏引擎中场景的制作　/　307

  10.3.4 场景的优化与渲染　/　312

第1章 三维游戏场景设计概论

1.1 三维游戏场景的概念

游戏场景是指在游戏作品中除角色以外的周围一切空间、环境、物件的集合。就如同话剧表演中演员的舞台、竞赛中选手的赛场、动画片中角色的背景，游戏场景在整个游戏作品中起到了十分重要的作用，相对于舞台、赛场和背景，游戏场景的作用更有过之而无不及。在虚拟的游戏世界中，制作细腻精致的游戏场景不仅可以提升游戏整体的视觉效果，让游戏在第一时间抓住玩家的眼球，将玩家快速带入游戏设定的情境当中，同时优秀的游戏场景设计还可以传递出设计者所想表达的游戏内涵和游戏文化，提升游戏整体的艺术层次（见图1-1）。

图1-1 体现建筑艺术和文化内涵的三维游戏场景

三维游戏场景就是指利用3D技术制作出的游戏场景，包含以上介绍的各种内容。在三维游戏中，玩家通常会以第一人称出现在虚拟世界，游戏中操控的角色就代表玩家自己。这时的游戏场景往往会成为玩家视野中的主体对象，玩家首先看到的是游戏场景所构成的虚拟空间，其次才是在这个空间中的其他玩家和角色。在三维游戏时代的今天，我们很难想象如果一款游戏没有优秀的场景设计与制作，它将如何吸引玩家，如何抓住市场。所以从这个角度来看，三维游戏场景设计与制作在游戏项目研发制作中是至关重要的环节，甚至超越游戏角色设计，成为游戏美术制作中开启成功之门的钥匙。

那么，三维游戏场景在整个游戏中究竟起到了怎样的作用？下面我们从不同方面来分析讲解。

1. 交代游戏世界观

当一个游戏项目在立项之后，游戏公司的策划人员首要的工作内容就是为游戏设定世界观。究竟什么是游戏世界观？世界观在哲学体系中是指人们对整个世界总的看法和根本观点。由于人们的社会地位不同，观察问题的角度不同，形成的世界观也就不同。而对于游戏世界观这一概念，我们应用了世界观的引申含义，也就是指游戏世界的背景设定或者游戏世界的客观规律。笼统来说，游戏世界观就是整个游戏的世界背景，通过物种、科技、建筑、服饰、技能、人文等具象的游戏设定所阐释的游戏虚拟世界中的历史、政治、宗教、经济、文化等背景框架。虽然游戏世界是虚拟的，但由于其世界观的设定，就要求游戏中的一切元素务必符合逻辑，能够对游戏里的一切现象进行"自圆其说"。

任何一款游戏作品都有属于它自己的游戏世界观，大到MMO（大型多人在线）网游，小到一些只占几兆字节存储空间的桌面小游戏，游戏中所有的元素都可以看作游戏世界观的构成部分，而在这所有元素当中最能直接体现游戏世界观的就是游戏场景。例如在著名的MMORPG（大型多人在线角色扮演游戏）《魔兽世界》的开场动画中，通过雪原之地的丹莫罗、幽暗静谧的夜歌森林、压抑黑暗的瘟疫之地、黄金草原的莫高雷、战火点燃的杜隆塔尔等几段不同场景和角色的影片剪辑为玩家展现了游戏庞大的世界观体系，动画中各具特色的游戏场景直观地展现了不同种族的生活、信仰和文化背景（见图1-2）。又如日本Square Enix公司开发的《最终幻想》游戏，开场的CG动画通过精致唯美的游戏场景为人们展示出介于幻想和写实之间的独特世界。

图1-2 《魔兽世界》中不同风格的游戏场景

2. 体现游戏美术风格

游戏场景在游戏作品中另一个重要的作用就是体现游戏的美术风格。这里所说的美术风格并不只是狭义上的画面视觉风格，它有更加广泛的分类。

美术风格从题材上可以分为幻想和写实，例如日本Square Enix公司的《魔力宝贝》系列就属于幻想风格的网络游戏，游戏中的场景和建筑都要根据游戏世界观的设定进行艺术的想象和加工处理。而著名战争类网游《战地》系列则属于写实风格的游戏（见图1-3），其中的游戏场景要参考现实生活中人们的环境，甚至要完全模拟现实中的城市、街道和建筑来制作。

图1-3 《战地》系列游戏中写实的场景风格

从文化背景来看，美术风格又可分为西式和中式，例如《无尽的任务》（见图1-4）和《龙与地下城》就属于西方魔幻风格的游戏，游戏中的场景和建筑都要符合西方文化背景的特点。《完美世界》《诛仙》和《剑侠情缘》等则属于中国武侠题材的网络游戏，游戏场景中的建筑基本都参照中国古代传统建筑的风格来制作。

图1-4 西方魔幻风格的《无尽的任务》

3. 配合剧情发展

在某些特定情况下的游戏场景也是为了配合游戏剧情发展的需要，例如在《魔兽世界4.0》资料片《大灾变》中，昔日辉煌的人类主城暴风城在死亡之翼烈焰的袭击下，变成了在火焰中燃烧的废墟，这种游戏场景视觉效果上的变化就是为了迎合游戏剧情的发展（见图1-5）。

图1-5　因剧情需要被破坏的场景

4. 烘托整体氛围

在特定的情境下，游戏场景还会起到烘托整体氛围的作用，例如在大多数游戏中的村落通常是安静祥和的，主城则大气繁华，而BOSS所在的场景总是阴森恐怖（见图1-6），不同的情境氛围要靠不同的场景设计来烘托，不同的游戏场景也是在第一时间传递给玩家不同视觉感受的重要载体。

图1-6　游戏副本场景

5. 人机互动的需要

以上四点我们可以归纳为三维游戏场景的客观性作用，但从某种意义上来说，游戏场景也具备一定的主观性。在早期FC游戏机上有一款风靡全球的ACT（动作类）游戏——《超级马里奥兄弟》（见图1-7），这款游戏的玩法十分简单，玩家需要操控游戏角色从关卡的起点经过重重困难到达终点来获得最终的胜出。虽然游戏中还有其他的怪物角色，但我们将其抛开，仅仅从玩家和关卡场景的关系来看，会发现其实游戏中玩家大部分的时间是在与关卡场景进行互动，包括打通障碍、越过陷阱、触动机关等，这时场景不再是一个仅供观赏和起到烘托作用的客观背景，而是变成了游戏中的主体角色，已经实实在在地参与到了游戏人机互动当中，这也是区别于以上四点游戏场景所具有的独特价值作用。

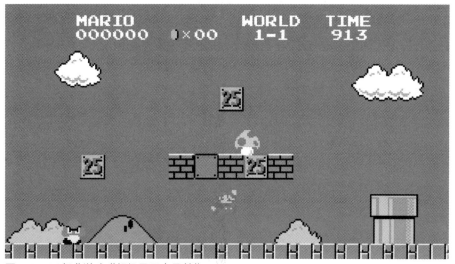

图1-7　FC经典游戏《超级马里奥兄弟》

在早期FC单机时代的游戏当中，尤其是横版过关类的游戏，如《魂斗罗》《超级马里奥兄弟》《索尼克》《洛克人》等，其中游戏场景所发挥的作用大多是出于人机互动的需要。这主要是限于当时的技术水平，制作角色与场景的互动远比角色与角色的互动要简单得多。随着电脑游戏制作技术的发展，现在的三维游戏更多注重的是玩家与NPC之间以及玩家与玩家之间的互动关系。但如今在一些大型三维游戏的副本或地下城关卡中，游戏场景的人机互动特点仍然保留，例如《魔兽世界》黑翼之巢副本中，到达3号BOSS前的"陷阱房"场景关卡就是最典型的例子（见图1-8）。

图1-8　黑翼之巢副本中的陷阱房间

早期的游戏作品只是定位于人机交互的一种娱乐方式。所谓人机交互，即游戏操作者与电脑之间的互动关系。作为一种新生事物，早期的电脑游戏仅仅依靠人机互动的模式就足以让游戏玩家深深沉浸其中，享受电子虚拟世界带来的乐趣。但随着科技的发展和时代的进步，仅仅靠人机互动已经不能满足玩家们的需求，人们希望游戏更加真实，带来更加强烈的沉浸性和体验感，这些就需要依托游戏画面的提升来实现，而游戏场景画面在其中则起到了重要的作用。从早期抽象粗糙的画面发展到具象的2D图形化界面，再发展为如今全3D的画面效果，游戏的视觉效果在不断进化与革新，下面我们来看一下游戏场景制作技术的发展历程。

1.2　游戏场景制作技术的发展

游戏美术技术是指在游戏项目研发中对于游戏画面视觉效果的制作技术，属于游戏制作的核心内容。游戏美术技术属于计算机图形图像技术的范畴，而计算机图形图像技术的发展主要依托于计算机硬件技术的发展。电脑游戏从诞生发展到今天，电脑游戏图形图像技术分别经历了"像素图像时代""精细二维图像时代"和"三维图像时代"三大阶段，游戏美术技术也遵循这个规律，经历了由"程序绘图时代"到"软件绘图时代"再到"游戏引擎时代"的发展路径。

在电脑游戏发展初期，由于受计算机硬件的限制，电脑图形图像技术只能用像素显示图形画面。所谓的"像素"就是用来计算数码影像的一种单位，如同摄影的相片一样，数码影像也具有连续性的浓淡阶调，我们若把影像放大数倍，就会发现这些连续色调其实是由许多色彩相近的小方块组成，这些小方块就是构成影像的最小单位——像素（见图1-9）。而像素的英文单词pixel就是由picture（图像）和element（元素）这两个单词的字母组合而成的。

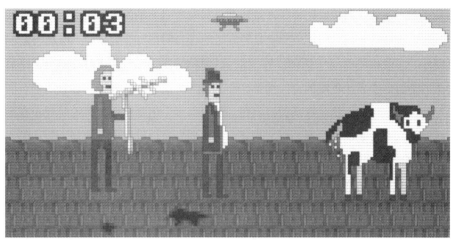

图1-9 像素图像

由于受计算机分辨率的限制,电脑游戏发展之初的像素图形在今天看来或许更像一种意向图形,因为以如今人们的审美视觉来看这些画面实在很难分辨出它们的外观,更多的只是用这些像素图形来象征某种事物。即便如此,仍然有一系列经典的游戏作品在这个时代诞生,其中包括著名的欧美RPG《创世纪》系列(见图1-10)和《巫术》系列,还包括国内玩家最早接触的《警察捉小偷》《掘金块》《吃豆子》等电脑游戏,还有经典动作游戏《波斯王子》的前身《决战富士山》。台湾大宇公司《轩辕剑》系列的创始人蔡明宏也于1987年在苹果机平台上制作了自己首个电脑游戏——《屠龙战记》,这也是最早的中文RPG游戏之一。

图1-10 《创世纪》一代的游戏启动界面

由于技术上的诸多限制,这一时代游戏的显著特点就是在保留完整的游戏核心玩法的前提下,尽量简化其他一切美术元素,这其中就包括游戏场景元素,所以当时游戏中的场景十分简单或者说简陋，甚至有个别游戏直接简化掉了游戏场景，只有游戏互动的主体对象，所以游戏场景美术在这一时期几乎是"灰色"的，但黑暗只是暂时的，光明在发展的脚步下缓缓而来。

随着计算机硬件的发展和图像分辨率的提高，这时的电脑游戏画面质量相对之前也有了显著的提高，像素图形不再是大面积色块的意向图形，而是有了更加精细的表现。尽管用当今的眼光我们仍然很难去接受这样的电脑游戏画面，但在当时来看一个电脑游戏的辉煌时代正在悄然而至。硬件和图像的提升带来的是创意的更好呈现，游戏研发者可以把更多的精力放在游戏规则和游戏内容的实现上，也正是在这个时代，不同类型的电脑游戏纷纷出现，并确立了电脑游戏的基本类型，如ACT（动作游戏）、RPG（角色扮演游戏）、AVG（冒险游戏）、SLG（策略游戏）、RTS（即时战略）等，这些概念和类型定义今天仍在使用。而这些游戏类型的经典代表作品也都是在这个时代产生的，如AVG的典型代表作《猴岛小英雄》《鬼屋魔影》系列、《神秘岛》系列；ACT的经典作品《波斯王子》《决战富士山》《雷曼》；SLG的著名游戏《三国志》系列、席德梅尔的《文明》系列（见图1-11）；RTS的开始之作暴雪娱乐公司的《魔兽争霸》系列以及后来的Westwood Studios公司的《命令与征服》系列。

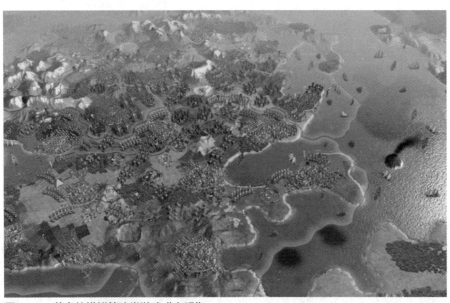

图1-11 著名的模拟策略类游戏《文明》

由于计算机硬件技术的发展使得这一时期的电脑游戏出现了和之前截然相反的特点，那就是在核心玩法的基础上尽可能多地增加美术元素，游戏美术技术也因此在这一时期得到了空前的发展，虽然还是以像素为主的程序绘图技术，但游戏图像的效果却日趋复杂和华丽。

1981年，美国微软公司的MS-DOS操作系统面市，在其垄断PC平台的20年时间里，使电脑游戏的发展达到了一个新的高度，新类型的游戏层出不穷，游戏获得了比以往更加出色的声光效果。在获得更绚丽的游戏效果的同时，硬件技术也在这种需求下不断更新换代升级，IBM

PC也从286升级到386再到后来的486（见图1-12），CPU从16位升级到了32位，内存方面经过了从FPM DRAM—EDO DRAM—SDRAM—RDRAM—DDR—SDRAM的进化过程，储存介质也从最初的软盘变为如今还在继续使用的光盘，图像的分辨率也在进一步提高。

图1-12　Intel公司的486电脑芯片

随着计算机硬件的种种升级与变化，这时的电脑游戏制作流程和技术要求也有了进一步的发展，电脑游戏不再是最初的仅仅遵循一个简单规则去控制像素色块的简单娱乐。由于技术的整体提升，电脑游戏制作也要求完成更为复杂的内容设定，在规则与对象之外甚至需要剧本，这也要求整个游戏需要更多的图像内容来完善其完整性，于是在程序员不堪重负的同时便衍生出了一个全新的职业角色——游戏美术师。对于游戏美术师的定义，通俗地说凡是电脑游戏中所能看到的一切图像元素都属于游戏美术师的工作范畴，其中包括地形、建筑、植物、人物、动物、动画、特效、界面等的制作。随着游戏美术工作量的不断增大，游戏美术技术又逐渐细分出原画设定、场景制作、角色制作、动画制作、特效制作等不同的工作岗位。

在Windows 95操作系统诞生后，越来越多的DOS游戏陆续推出了Windows版本，越来越多的主流电脑游戏公司也相继停止了DOS平台下游戏的研发，转而大张旗鼓全力投入对于Windows平台下的图像处理技术和游戏开发。在这个转折时期的代表游戏就是暴雪娱乐公司的《暗黑破坏神》系列，精细的图像、绝美的场景、华丽的游戏特效，这都归功于暴雪对于微软公司DirectX API（Application Programming Interface，应用程序接口）技术的应用。

就在这样一场电脑图像继续迅猛发展的大背景中，像素图像技术也在日益进化升级，随着电脑图像分辨率的提升，电脑游戏从最初DOS时期极限的480×320分辨率，发展到后来Windows时期标准化的640×480，再到后来的800×600、1024×768等高精度分辨率。游戏画面效果日趋华丽丰富，同时更多的图像特效技术加入游戏当中，这时的像素图像已经精细到肉眼很难分辨其图像边缘的像素化细节，最初的大面积像素色块的游戏图像被华丽精细的二维游戏图像所取代，自此，电脑游戏图像技术由"像素图像时代"进入了"精细二维图像时代"（见图1-13）。

图1-13 640×480分辨率下的2D游戏图像效果

这时电脑游戏制作不再是仅靠程序员就能完成的工作，游戏美术技术工作量日益庞大，游戏美术技术的工作分工日益细化，原画设定、场景制作、角色制作、动画制作、特效制作等专业游戏美术岗位相继出现并成为电脑游戏图像开发必不可缺的重要职业。游戏美术技术从先前的"程序绘图时代"进入了"软件绘图时代"，游戏美术师需要借助专业的二维图像绘制软件，同时利用自己深厚的艺术修养和美术功底来完成游戏图像的绘制工作，以CorelDRAW为代表的矢量图形图像编辑软件和图像处理软件Photoshop都逐渐成为主流的游戏图像制作软件。

1995年，3dfx公司创造的Voodoo显卡面市，作为PC历史上最早的3D加速显卡，从它诞生伊始就吸引了全世界的目光。第一款正式支持Voodoo显卡的游戏作品就是如今大名鼎鼎的《古墓丽影》，从1996年美国E3展会上劳拉·克劳馥的迷人曲线吸引了所有玩家的目光开始（见图1-14），绘制这个美丽背影的Voodoo 3D图形卡和3dfx公司也开始了其传奇的旅途。在相继推出Voodoo2、Banshee和Voodoo3等几个极为经典的产品后，3dfx站在了3D游戏世界的顶峰，所有的3D游戏，不管是《极品飞车》还是《古墓丽影》，甚至是id公司的《雷神之锤》无一不对Voodoo系列显卡进行优化，全世界都被Voodoo的魅力深深吸引，从此3D游戏时代正式到来。

图1-14 劳拉随着游戏图像技术的发展日渐精细

从Voodoo的开疆扩土到NVIDIA称霸天下，再到如今NVIDIA、ATI、Intel的三足鼎立，计算机图形图像技术进入了全新的三维时代，而电脑游戏图像技术也翻开了一个全新的篇章。伴随着3D技术的兴起，电脑游戏美术技术经历了"程序绘图时代""软件绘图时代"，最终迎来了今天的"游戏引擎时代"。

无论是2D游戏还是3D游戏，无论是角色扮演游戏、即时战略游戏、冒险解谜游戏或是动作射击游戏，哪怕是一个只有1MB的小游戏，都有一段起控制作用的代码，这段代码我们可以笼统地称为"引擎"。当然，或许最初电脑游戏图形图像技术在"像素图像时代"，一段简单的程序编码我们可以称它为引擎，但随着电脑游戏技术的发展，经过不断的进化，如今的游戏引擎已经发展成一套由多个子系统共同构成的复杂系统，从建模、动画到光影、粒子特效，从物理系统、碰撞检测到文件管理、网络特性，还有专业的编辑工具和插件，几乎涵盖了开发过程中的所有重要环节，这一切所构成的集合系统才是我们今天真正意义上的"游戏引擎"（见图1-15）。过去单纯依靠程序、美工的时代已经结束，以游戏引擎为核心的集体合作时代已经到来，这也就是我们所说的"游戏引擎时代"。

图1-15　游戏引擎编辑器

1.3　三维游戏场景的分类

随着硬件和游戏制作技术的发展，三维游戏的画面质感也在日益提升，虽说三维技术就是为了提高画面真实性而出现的，但是当三维技术发展到今天成为游戏主流技术后，人们更希望利用三维技术进行不同的尝试,让三维画面不再千篇一律,通过技术和美术风格的融合让画面呈现更多的可能性。本节我们结合市面上不同的游戏画面类型,来讲解三维游戏场景的分类。

1.3.1 三维写实游戏场景

三维写实游戏场景是指利用三维技术模拟现实场景而制作的游戏画面,这也是最为常见的三维游戏场景。三维写实游戏场景画面又可根据其视角的不同细分为固定视角、半锁定视角以及全3D视角等不同的三维游戏场景画面类型。

固定视角3D场景画面是指游戏中所有美术元素都由3D模型制作并通过游戏引擎即时渲染显示,但游戏中玩家所观看的场景以及角色的视角是被固定的,通常为有一定倾斜角度的俯视图,玩家只能操控游戏中的角色进行移动,不能调整和控制视角的变化(见图1-16)。

图1-16 固定视角3D游戏《暗黑破坏神3》

半锁定视角是指玩家在游戏中可以在平面范围内进行视角的调整和转动。众所周知,在三维空间中包含X、Y、Z三个维度轴,半锁定视角就是只允许在其中两个维度所构成的平面内进行视角的变化,通常半锁定视角3D游戏也是采用有一定倾斜角度的俯视图场景画面(见图1-17)。固定视角和半锁定视角游戏都是完全按照三维游戏的制作流程和标准来进行制作的,采用这种场景视图画面的优点是,可以减少游戏资源对于硬件的负载,降低游戏需求的硬件配置标准,同时有限的视角范围可以更加深入地细化场景的细节,提高游戏画面的整体视觉效果。

除以上两种三维游戏场景画面外,现在绝大多数三维写实游戏场景都会采用全3D视角模式,所谓全3D视角,就是在游戏中玩家可以随意对视图进行调整和旋转,察看游戏场景中各个方位的画面。相对于固定视角和半锁定视角，全3D视角最大的不同就是玩家可以将控制的视野范围拉升，看到远景和天空等（见图1-18）。由于玩家的视野范围从平面维度扩大到了X、Y、Z三维范围，使得游戏的制作要求和难度也大大提高，在模型制作的时候要充分考虑到各个视角的美观和合理性，保证360°全范围无死角。

图1-17　半锁定视角游戏《龙之谷》

图1-18　全3D视角游戏场景效果

对于游戏玩家来说，全3D视角的游戏场景视图模式可以更加直观地感受游戏虚拟世界的魅力和真实感，增强虚拟现实的体验性。随着3D游戏引擎技术的迅速发展，全3D视角游戏的制作水平也在日益提高，现在已经成为3D游戏的主流发展趋势。

1.3.2 三维写意游戏场景

三维写意游戏场景是指利用三维技术制作的偏艺术风格的游戏场景画面。三维写意游戏场景是相对于三维写实游戏场景来说的，写实游戏场景是追求画面的极致真实感，就好像绘画艺术中的超写实主义一样，尽可能地让画面呈现接近于照片的真实度。但这种风格也有一定的弊端，那就是长期大量接触写实游戏场景会带来视觉审美的疲劳，而三维写意画面恰恰可以弥补这种不足。三维写意画面通常偏向于艺术风格，比如利用大量让人感觉舒服的色彩来填充游戏画面，利用简洁抽象的线条来构架画面等，然后再配上悠扬抒情的背景音乐，可以让人感受到画面与众不同的魅力。

这里我们着重介绍一款代表游戏，那就是2012年发布的由游戏制作人陈星汉监制的《风之旅人》。《风之旅人》没有3A级的写实游戏画面，也没有惊险刺激的剧情，连操作也是只有简单的方向键与两个按键，但就是其三维写意的游戏场景画面，带给了玩家无与伦比的游戏和情感体验。《风之旅人》的美不是三维多边形的堆砌，从抽象的茫茫大漠到兜帽小人儿，支撑起它的灵魂和骨架并不需要多少高技术的元素，其画面却实现了灵感与艺术元素的美妙结合（见图1-19）。

图1-19 《风之旅人》的游戏画面

1.3.3 三维卡通游戏场景

三维卡通游戏场景主要指的是利用游戏引擎进行卡通风格渲染所呈现的游戏场景画面，这里我们要与下面所介绍的Q版场景进行区分，虽然从某种意义上说Q版游戏也算是一种卡通风格，但是我们这里所讲的三维卡通专门指的是渲染风格。这种游戏画面首先还是要利用三维软件制作3D模型,然后利用游戏引擎的卡通渲染功能将3D模型渲染成类似于动漫风格的画面场景,从视觉上看起来模型会失去立体感,通常还会将模型外轮廓进行勾线处理,让模型呈现独特的视觉风格(见图1-20)。

图1-20 《无主之地》的游戏画面

1.3.4 三维Q版游戏场景

Q版是从英文Cute一词衍化而来,意思为可爱、招人喜欢、萌,西方国家也经常用Q来形容可爱的事物。我们现在常见的Q版就是在这种思想下被创造出来的一种设计理念,Q版化的物体一定要符合可爱和萌的定义,这种设计思维在动漫和游戏领域尤为常见。三维Q版游戏场景建筑通常是将建筑的比例进行卡通艺术化的夸张处理,比如Q版建筑通常为倒三角形或者倒梯形的设计(见图1-21)。

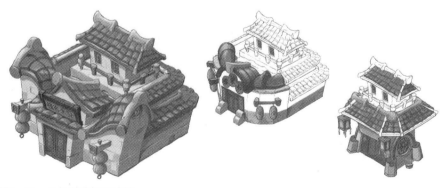

图1-21 Q版游戏场景建筑

如今有大量的三维游戏场景都被设计为Q版风格,其卡通可爱的特点能够迅速吸引众多玩家,风靡市场。最早一批进入国内的日韩网络游戏大多都是Q版类型的,诸如早期的《石器时代》《魔力宝贝》《RO》等,它们的成功开了Q版游戏的先河,之后的三维Q版游戏更是发展为一种专门的游戏类型。由于Q版游戏中角色形象设计可爱、整体画面风格亮丽多彩,在市场中拥有广泛的用户群体,尤其受女性玩家的喜爱,成为三维游戏中不可或缺的重要类型。

1.4 三维游戏场景制作流程

随着硬件技术和软件技术的发展,电脑游戏和电子游戏的开发设计变得越来越复杂,现今游戏的制作领域再也不是以前仅凭借几个人的力量在简陋的地下室里就能完成的工作,而是更加趋于团队化、系统化和复杂化。

作为一款游戏产品,立项与策划阶段是整个游戏产品项目开始的第一步,这个阶段通常约占整个项目开发周期20%的时间。在一个新的游戏项目启动之前,游戏制作人必须向公司提交一份项目可行性报告,这份报告在游戏公司管理层集体审核通过后,游戏项目才能正式被确立和启动。

当项目可行性报告通过后,游戏项目负责人需要与游戏项目的策划总监以及制作团队中其他的核心研发人员进行"头脑风暴"会议,为游戏整体的初步概念进行设计和策划,其中包括游戏的世界观背景、视觉画面风格、游戏系统和机制等,初步的项目策划文档确立后才正式进入游戏的制作阶段。游戏项目的制作一般分为前期、中期、后期三个阶段,图1-22为网络游戏项目研发流程图。

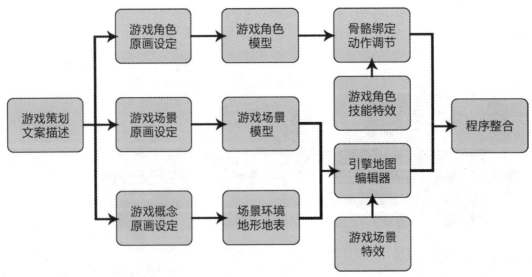

图1-22 网络游戏项目研发流程

在制作前期，游戏项目研发团队中的策划部、美术部、程序部三个部门同时开工，策划部开始撰写游戏剧本和游戏内容的整体规划。美术部中的游戏原画师开始设定游戏整体的美术风格，三维制作组根据既定的美术风格制作一些基础模型，这些模型大多只是拿来用作前期引擎测试，并不是以后正式上市的游戏中会大量使用的模型，所以在制作细节上并没有太多要求。程序部在制作前期的任务最为繁重，因为他们要进行游戏引擎的研发，或者一般来说在整个项目开始以前他们就已经提前进入了游戏引擎研发阶段，在这个阶段他们不仅要搭建游戏引擎的主体框架，还要开发许多引擎工具以供日后策划部和美术部所用。

到了制作中期，策划部进一步完善游戏剧本，内容策划开始编撰游戏内角色和场景的文字描述文档，包括主角背景设定、不同场景中NPC和怪物的文字设定、BOSS的文字设定、不同场景风格的文字设定等，各种文档要同步传给美术部以供参考使用。

美术部在这个阶段要承担大量的制作工作，游戏原画师在接到策划文档后，要根据策划的文字描述开始设计绘制相应的角色和场景原画设定图，然后把这些图片交给三维制作组来制作大量游戏中需要应用的三维模型。同时三维制作组还要尽量配合动画制作组来完成角色动作、技能动画和场景动画的制作，之后美术部要利用程序部提供的引擎工具把制作完成的各种角色和场景模型导入游戏引擎当中。另外，关卡地图编辑师要利用游戏引擎编辑器开始着手各种场景或者关卡地图的编辑绘制工作，而界面美术师也需要在这个阶段开始游戏整体界面的设计绘制工作。由于已经初步完成了整体引擎的设计研发，程序部在这个阶段工作量相对减轻，继续完善游戏引擎和相关程序的编写，同时针对美术部和策划部反馈的问题进行解决。

在制作后期，企划部把已经制作完成的角色模型利用程序提供的引擎工具赋予其相应属性，脚本策划同时要配合程序部进行相关脚本的编写，数值策划则要通过不断的演算测试，调整角色属性和技能数据，并不断对其中的数值进行平衡化处理。

美术部中的原画组、三维制作组、动画制作组的工作则继续延续制作中期的工作任务，要继续完成相关设计、三维模型及动画的制作，同时要配合关卡地图编辑师进一步完善关卡和地图的编辑工作，并加入大量的场景效果和后期粒子特效，界面美术设计师则继续对游戏界面的细节部分做进一步的完善和修改。

程序部在这个阶段要对已经完成的所有游戏内容进行最后的整合，完成大量人机交互内容的设计制作，同时要不断优化游戏引擎，并配合另外两个部门完成相关工作，最终制作出游戏的初级测试版本。

通常来说，在游戏项目公司内部游戏产品要分为Alpha和Beta两个测试版本。Alpha测试阶段的目标是将以前所有的临时内容全部替换为最终内容，并对整个游戏体验进行最终的调整。随着测试部门问题的反馈和整理，研发团队要及时修改游戏内容，并不断更新游戏的版本序号。如果游戏产品Alpha测试基本通过，就可以转入Beta测试阶段了，一般处于Beta测试阶段的游戏不会再添加大量新内容，此时的工作重点是对游戏产品的进一步整合和完善。

如果是网络游戏,之后的封闭测试阶段是必不可少的,封闭测试属于开放性测试,要在网络上招募大量的游戏玩家展开游戏内测。在内测阶段,游戏公司邀请玩家对游戏运行性能、游戏设计、游戏平衡性、游戏BUG以及服务器负载等进行多方面测试,以确保游戏正式上市后能顺利运行。内测结束后就可以进入公测阶段,也就基本可以看作准运营状态。以上就是一款网络游戏项目从诞生到完成的基本流程。下面我们针对三维游戏的场景部分,来讲解其具体的制作流程。

1.4.1 确定场景规模

在游戏策划部门给出基本的策划方案和文字设定后,第一步要做的并不是根据策划方案来进行场景美术的设定工作,在此之前,首要的任务就是确定场景的大小,这里所说的大小主要指场景地图的规模以及尺寸。所谓"地图"的概念就是不同场景之间的地域区划,如果把游戏中所有的场景看作一个世界体系,那么这个世界中必然包含不同的区域,其中每一块区域我们将其称作游戏世界的一块"地图",地图与地图之间通过程序相连接,玩家可以在各地图之间行动、切换(见图1-23)。

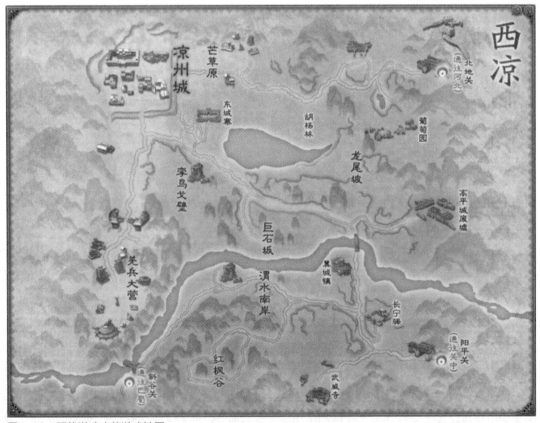

图1-23 网络游戏中的游戏地图

通过游戏策划部门提供的场景文字设定资料,我们可以得知场景中所包含的内容以及玩家在这个场景中的活动范围,这样就可以基本确定场景的大小。在三维游戏中,场景地图是通过引擎地图编辑器制作生成的,在引擎编辑器中可以设定地图区块的大小,通过地形编辑功能制作出地图中的地表形态,然后可以导入之前制作完成的三维模型元素,通过排布、编辑、整合最终完成整个场景地图的制作。

1.4.2 设定场景原画

在游戏场景规模确定之后,接下来需要游戏原画设计师根据策划文案的描述来进行场景原画的设定和绘制。场景原画设定是对游戏场景整体美术风格的设定和对游戏场景中所有美术元素的设计绘图,从类型上来分,游戏场景原画又分为概念原画和制作类原画。

游戏场景概念原画是指游戏原画师针对游戏策划的文案描述对游戏场景进行整体美术风格和游戏环境基调设计的原画类型(见图1-24)。游戏原画师会根据策划人员的构思和设想,对游戏场景中的环境风格进行创意设计和绘制,概念原画不要求绘制十分精细,但要综合游戏的世界观背景、游戏剧情、环境色彩、光影变化等因素。相对于制作类原画的精准设计,概念原画更加笼统,这也是将其命名为概念原画的原因。

图1-24 游戏场景概念原画

在概念原画确定之后,游戏场景基本的美术风格就确立下来,之后就需要开始进行游戏场景制作类原画的设计和绘制。游戏场景制作类原画是指对游戏场景中具体美术元素的细节进行设计和绘制的原画类型。这也是通常意义上我们所说的游戏场景原画,其中包括游戏场景建筑原画和游戏场景道具原画(见图1-25)。制作类原画不仅要在整体上表现出清晰的物体结构,更要对设计对象的细节进行详细描述,这样才能便于后期美术制作人员进行实际美术元素的制作。

图1-25　游戏场景建筑原画

1.4.3　制作场景元素

在确定场景地图规模和设定场景原画之后，就要开始制作场景地图中所需的美术元素，包括场景道具、场景建筑、场景装饰、山石水系、花草树木等，这些美术元素是构成游戏场景的基础元素，制作的质量直接关系到整个游戏场景的优劣，所以这部分是游戏制作公司中美术部门工作量最大的一个环节。

在传统像素和2D游戏中的美术元素都是通过Tile拼接组合而成，而对于现在高精细度的2D或2.5D游戏，其中的美术元素大多是通过三维建模，然后渲染输出成二维图片，再通过2D软件编辑修饰，最终才能制作成游戏场景中所需的美术元素图层。三维游戏中的美术元素基本都是由3ds Max软件制作出的三维模型（见图1-26）。

图1-26　三维场景建筑模型

以一款三维游戏来说，其场景制作最主要的工作就是对三维场景模型的设计制作，包括：场景建筑模型、山石树木模型以及各种场景道具模型等。除了在制作的前期需要基础三维模型提供给Demo的制作，在中后期更需要大量的三维模型来充实和完善整个游戏场景和环境，所以在三维游戏项目中，需要大量的三维美术设计师。

三维美术设计师要求具备较高的专业技能，不仅要熟练掌握各种复杂的高端三维制作软件，更要有极强的美术塑形能力。在国外，专业的游戏三维美术设计师大多是美术雕塑系或建筑系出身。此外，游戏三维美术设计师还需要具备丰富的相关学科知识，例如建筑学、物理学、生物学、历史学等。

1.4.4 场景的构建与整合

场景地图有了，所需的美术元素也有了，剩下的工作就是把美术元素导入场景地图中，通过拼接整合最终得到完整的游戏场景。这一部分的工作要根据策划的文字设定资料来进行，在大地图中根据资料设定的地点、场景依次制作，包括山体、地形、村落、城市、道路，以及其他特定区域的制作。

成熟化的三维游戏商业引擎普及之前，在早期的三维网络游戏开发中，游戏场景中所有美术资源的制作都是在三维软件中完成的，其中包括场景道具、场景建筑模型、游戏中的地形、山脉等。而一个完整的三维游戏场景包括众多的美术资源，所以用这样的方法来制作的游戏场景模型会产生数量巨大的多边形面数，不仅导入游戏中的过程十分烦琐，而且制作过程中三维软件本身就承担了巨大的负载，导致系统崩溃、软件跳出的现象频繁出现（见图1-27）。

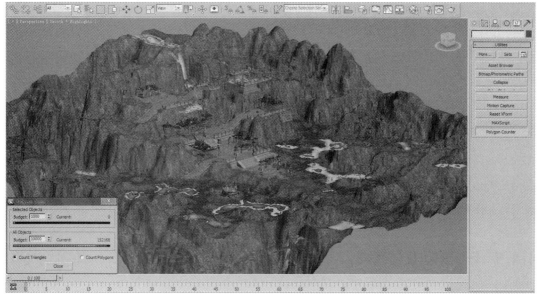

图1-27 全部利用三维软件制作完成的场景高达几十万个多边形面

随着技术的发展，在进入"游戏引擎时代"以后，以上所有的问题都得到了完美的解决，游戏引擎编辑器不仅可以帮助我们制作出地形和山脉的效果，此外，水面、天空、大气、光效等很难利用三维软件制作的元素都可以通过游戏引擎来完成。尤其是野外游戏场景的制作，我们只需要利用三维软件来制作独立的模型元素，其余80%的场景工作任务都可以通过游戏引擎地图编辑器来整合和制作（见图1-28），利用游戏引擎地图编辑器制作游戏地图场景主要包括以下几方面的内容。

（1）场景地形地表的编辑制作。

（2）场景模型元素的添加和导入。

（3）游戏场景环境效果的设置，包括日光、大气、天空、水面等。

（4）游戏场景灯光效果的添加和设置。

（5）游戏场景特效的添加与设置。

（6）游戏场景物体效果的设置。

图1-28 利用游戏引擎地图编辑器编辑场景

其中，大量的工作时间都集中在游戏场景地形地表的编辑制作上，游戏引擎地图编辑器制作地形的原理是将地表平面划分为若干分段的网格模型，然后利用笔刷进行控制，实现垂直拉高形成的山体效果或者塌陷形成的盆地效果，再通过类似于Photoshop的笔刷绘图方法来对地表进行贴图材质的绘制，最终实现自然的场景地形地表效果。

1.4.5 场景的优化与渲染

以上工作都完成以后，其实整个游戏场景就基本制作完成了，最后要对场景进行整体的优化与渲染，为场景进一步添加装饰道具，精减多余的美术元素，此外，还要为场景添加各种粒子特效和动画等（见图1-29）。

图1-29　游戏场景特效

　　三维游戏特效的制作，首先要利用3ds Max等三维制作软件创建出粒子系统；其次将事先制作的三维特效模型绑定到粒子系统上；再次针对粒子系统进行贴图的绘制，贴图通常要制作为带有镂空效果的Alpha贴图，有时还要制作贴图的序列帧动画；最后将制作完成的素材导入游戏引擎特效编辑器中，对特效进行整合和细节调整。

　　对于游戏特效美术师来说，他们在游戏美术制作团队中有一定的特殊性，既难将其归类于二维美术设计人员，也难将其归类于三维美术设计人员。游戏特效美术师不仅要掌握三维制作软件的操作技能，还要对三维粒子系统有深入研究，同时具备良好的绘画功底、修图能力和动画设计制作能力。所以，游戏特效美术师是一个具有复杂性和综合性的游戏美术设计岗位，是游戏开发中必不可少的职位，同时入门门槛也比较高，需要从业者具备高水平的专业能力。在一线的游戏研发公司中，游戏特效美术师通常都是具有多年制作经验的资深从业人员，相应地，所得到的薪水待遇也高于其他游戏美术设计人员。

1.5　游戏美术设计师职业前景

　　中国的游戏业起步并不算晚，从20世纪80年代中期台湾游戏公司崭露头角到90年代大陆大量游戏制作公司的出现，中国游戏业已发展了30多年的时间。在2000年以前，由于市场竞争和软件盗版问题，中国游戏业始终处于旧公司倒闭与新公司崛起的快速新旧更替之中，由于当时游戏行业和技术限制，早期游戏作品定位及制作相比现在要简单得多，几个人的团队便可以去开发一款游戏，研发团队中的技术人员也就是中国最早的游戏制作从业者。当游戏公司运作出现问题或者倒闭后，他们便会进入新的游戏公司继续从事游戏研发，所以早期游戏行业中从业人员的流动基本属于"圈内流动"，很少有新人进入这个领域，或者说也很难进入这个领域。

2000年以后，中国网络游戏开始崛起并迅速发展为游戏业内的主流力量，由于新颖的游戏形式以及可以完全避免盗版的困扰，国内大多数游戏制作公司开始转型为网络游戏公司，同时也出现了许多大型的专业网络游戏代理公司，如盛大、九城等。由于计算机硬件和技术的发展，网络游戏的研发不再是单凭几人就可以完成的项目，它需要大量专业的游戏制作人员，之前的"圈内流动"模式显然不能满足从业市场的需求，游戏行业第一次降低了入门门槛，于是许多相关领域的人士，如建筑设计行业、动漫设计行业以及软件编程人员等都纷纷转行进入了这个朝气蓬勃的新兴行业当中，然而对于许多大学毕业生或者完全没有相关从业经验的人来说，游戏制作行业仍然属于高精尖技术行业，一般很难迈入其入门门槛，所以国内游戏行业从业人员开始了另一种形式上的"圈内流动"。

从2004年开始，由于世界动漫及游戏产业发展迅速，国家政府高度关注和支持国内相关产业，大量民办动漫游戏培训机构如雨后春笋般出现，一些高等院校也陆续开设了游戏设计类专业，这使得那些怀揣游戏梦想的人无论从传统教育途径还是社会办学，都可以很容易地接触到相关的专业培训，之前的"圈内流动"现象彻底被打破，国内游戏行业的就业门槛放低到了空前的程度。

虽然这几年有大量的"新人"涌入游戏行业，但整个行业对于就业人员的需求数量不仅没有减少，反而处于日益增加的状态。我们先来看一组数据：2006年，中国游戏产业的市场份额首次超过韩国，成为亚洲最大的游戏市场。2009年，中国网络游戏市场实际销售额为256.2亿元，同比增长39.4%。2011年，中国网络游戏市场规模为468.5亿元，同比增长34.4%，其中互联网游戏为429.8亿元，同比增长33.0%，移动网游戏为38.7亿元，同比增长51.2%。根据《2013年游戏产业报告》显示，2013年中国游戏玩家数量已经达到4.9亿人，游戏市场销售收入高达831.7亿元，比2012年增长38%。其中客户端网络游戏收入536.6亿元，网页游戏收入127.7亿元，移动游戏收入112.4亿元，社交游戏收入54.1亿元，单机游戏收入0.9亿元，均显示出迅猛的发展势头。而随着未来智能手机和平板电脑的持续热销，宽带网络以及5G网络的进一步普及，中国游戏产业还将继续保持高速发展。在这期间虽然受到世界金融危机的影响，全球的互联网和IT行业普遍处于不景气的状态，但中国的游戏产业在这一时期不仅没有受到影响，相反还更显出强劲的增长势头。中国的游戏行业正处于飞速发展的黄金时期，因此对于专业人才的需求一直居高不下。有资料显示，预计未来3~5年，中国游戏人才缺口将高达30万人，而目前我国游戏技术从业人员不足5万人，远低于游戏人才需求的总量，所以不少游戏公司不惜重金，花血本只为吸引和留住更多行业人才。

对于游戏制作公司来说，游戏研发人员主要包括三部分：策划、程序员和美术师。在美国，这三种职业所享受的薪资待遇从高到低分别为：程序员、美术师、策划。以美国游戏行业2012年收入水平为例，游戏程序员的年薪为8.5337万美元，游戏美术师年薪为7.1354万美元，游戏策划的年薪为7.0223万美元，综合统计，游戏美术设计师可以拿到的年薪平均在6～8万美元。国内由于地域和公司的不同，薪资的差别比较大，但整体来说薪资水平从高到低仍然是：程序员、美术师、策划。而对于行业内人员需求的分配比例来说，从高到低依次为：美术师、程序员、策划。所以综合考虑，游戏美术师在游戏制作行业是非常好的就业选择，其职业前景也十分光明。

2010年以前，中国网络游戏市场一直是客户端网游的天下，但近两年网页游戏、手机游戏发展非常快，页游逐渐成为网络游戏的主力，由于智能手机和平板电脑的快速普及，移动游戏同样发展迅速。2011年互联网游戏用户总数突破1.6亿人，同比增长33%，其中，网页游戏用户持续增长，规模为1.45亿人，增长率达24%；移动网下载单机游戏用户超过5100万人，增长率达46%；移动网在线游戏用户数量达1130万人，增长率高达352%。在未来，网页游戏和手机游戏行业的人才需求将会不断增加。

面对如此广阔的市场前景，游戏美术设计从业人员可以根据自己的特长和所掌握的专业技能来选择适合的就业方向，拥有单一专业技能的设计人员可以选择加入传统的客户端网游制作公司，拥有高尖端专业设计能力的人员可以选择去次世代游戏研发公司，而具备综合设计制作能力的游戏美术人员可以加入页游或者手机游戏公司，众多的就业路线和方向大大拓宽了游戏美术设计从业者的就业范围。无论选择哪一条道路，通过自己不断的努力，最终都将会在各自的岗位上绽放出绚丽的光芒。

第2章 三维游戏场景制作软件及工具

所谓"工欲善其事，必先利其器"，对于游戏美术设计师来说，熟练掌握各类制作软件与工具是踏入游戏制作领域最基本的条件，只有熟练掌握软件技术才能将自己的创意和想法淋漓尽致地展现在游戏世界当中。在一线游戏制作公司中，常用的三维制作软件主要有3ds Max和Maya。在欧美和日本的三维游戏制作中通常使用Maya软件，而国内大多数游戏制作公司使用3ds Max作为主要的三维制作软件，这主要是由游戏引擎技术和程序接口技术所决定的。虽然这两款软件同为Autodesk公司旗下的产品，但在使用上还是有着很大的不同，为迎合国情，本书主要针对3ds Max软件在网络游戏场景制作中的应用来进行详细讲解。此外，本章还将为大家讲解三维网络游戏制作中常用的贴图制作插件以及场景制作中较为通用的游戏引擎工具等。

2.1 3ds Max三维制作软件

3D Studio Max，通常简称为3ds Max或MAX（见图2-1），是Autodesk公司开发的基于PC系统的三维动画渲染和制作软件。3ds Max软件的前身是基于DOS操作系统的3D Studio系列软件。作为元老级的三维设计软件，3ds Max具有独立完整的设计功能，广泛应用于广告、影视、工业设计、建筑设计、多媒体制作、游戏、辅助教学以及工程可视化等领域。由于其堆栈命令操作简单便捷，加上强大的多边形编辑功能，使得3ds Max在三维游戏美术设计方面显示出得天独厚的优势，同时由于游戏引擎和程序接口等方面的原因，国内大多数游戏公司也选择3ds Max作为主要的三维游戏制作软件。

图2-1 3ds Max软件的Logo

具体到三维游戏场景美术制作来说，主要应用3ds Max软件制作各种游戏场景模型元素，例如建筑模型、植物模型、山石模型和场景道具模型等。另外，游戏场景中的各种粒子特效和场景动画也要通过3ds Max来制作。各种三维美术元素最终要导入游戏引擎地图编辑器中使用，在一些特殊的场景环境中，3ds Max还要代替地图编辑器来模拟制作各种地表形态。下面从不同的方面来了解3ds Max软件在三维游戏场景制作中的具体应用。

1. 制作建筑模型和场景道具模型

建筑是三维网络游戏场景的重要组成元素，通过各种单体建筑模型组合而成的建筑群落是构成游戏场景的主体要素（见图2-2），制作建筑模型是3ds Max在三维游戏场景制作中的重要作用之一。除了游戏中的主城、地下城等大面积纯建筑形式的场景以外，三维网络游戏场景中的建筑模型还包括以下形式：野外村落及相关附属的场景道具模型；特定地点的建筑模型，例如独立的宅院、野外驿站、寺庙、怪物营地等；各种废弃的建筑群遗迹；野外用于点缀装饰的场景道具模型，如雕像、栅栏、路牌等。

图2-2 游戏中的主城是由众多单体建筑构成的复杂建筑群落

2. 制作各种植物模型

在三维网络游戏中，除了主城、村落等以建筑为主的场景外，游戏地图中绝大部分场景都是野外场景地图，因此需要用到大量花草树木等植物模型（见图2-3），这些也都是通过3ds Max来制作完成的。将制作完成后的植物模型导入游戏引擎地图编辑器中可以进行"种植"操作，也就是将植物模型植入场景地表当中。植物的叶片部分还可以做动画处理，让其可以随风摆动，显得更加生动自然。

图2-3 游戏场景中的植物模型

3. 制作山体和岩石模型

在三维网络游戏的场景制作中，大面积的山体和地表通常是由引擎地图编辑器来生成和编辑，但这些山体形态往往过于圆滑，缺乏丰富的形态变化和质感，所以要想得到造型更加丰富、质感更加坚硬的岩体，必须通过3ds Max来制作山石模型（见图2-4）。3ds Max制作出的山石模型不仅可以用作大面积的山体造型，还可以充当场景道具来点缀游戏场景、丰富场景细节。

图2-4 游戏场景中的山石模型

4. 代替地图编辑器制作地形和地表

在个别情况下，游戏引擎地图编辑器可能对于地表环境的编辑无法达到预期的效果，这时就需要通过3ds Max来代替地图编辑器制作场景的地形结构。如图2-5中的悬崖场景，悬崖的形态结构极具特点，同时还要配合悬崖上的建筑和悬崖侧面的木梯栈道，这就需要3ds Max根据具体的场景特点来进行制作，有时还需要通过3ds Max和引擎地图编辑器共同配合来完成。

图2-5　网络游戏中特殊的场景地形

5. 制作场景粒子特效和动画

场景粒子特效和动画是游戏场景制作中后期用于整体修饰和优化的重要手段，其中粒子特效和动画部分的前期制作是通过3ds Max来完成的。对于大型的场景特效，可以在3ds Max中直接与建筑模型部分绑定制作到一起；而对于小型的场景特效，如瀑布、落叶、流光、树荫下的透光以及局部的天气效果等（见图2-6），要在3ds Max中进行独立制作，完成后再导入游戏引擎编辑器中。

图2-6　游戏场景中的瀑布效果

3ds Max从最初的3D Studio 1.0开始到如今的3ds Max 2020已经经历20余代版本的更新和发展，从最初简单的模型制作软件发展为现在功能复杂、模块众多的综合型三维设计软件。每一代的版本更新都使得3ds Max软件在功能性和操作人性化方面得到极大改进，但对于游戏美术制作来说，我们更多是利用3ds Max来制作游戏模型，所以对于所使用的3ds Max软件版本的选择，并不一定刻意追求最新的软件版本。在考虑软件功能性的同时，也要兼顾个人电脑的硬件配置和整体的稳定性，要保证软件在当前的个人系统下能够流畅运行，尽量避免低配置电脑使用过高版本的软件而带来频繁死机、系统崩溃的情况。通常来说，3ds Max 8.0以后的软件版本在功能性上对于游戏美术制作来说已经足够。

2.2 贴图制作插件

在三维游戏场景制作的过程中，我们大多数时间是利用3ds Max制作场景所需的各种三维模型元素。对于三维模型的制作和编辑来说，如今的3ds Max软件其功能已经十分强大，基本不需要其他软件或者插件的额外辅助就可以完成所有的模型制作任务。当模型制作完成后，接下来的工作就是根据模型来绘制贴图，这里需要了解的是，游戏场景模型并不像3D角色模型一样，需要根据模型的UV网格来进行一对一的严谨绘制，对于大多数场景建筑模型来说，其贴图可以独立绘制，或者有时我们还要根据贴图来匹配模型。所以，当我们制作场景模型贴图的时候，可以利用一些插件来进行辅助，这样可以极大地提高工作效率。本节主要讲解在三维游戏场景制作中常用的贴图制作插件，包括DDS贴图制作插件、无缝贴图制作插件以及法线贴图制作插件等。

2.2.1 DDS贴图制作插件

DDS是DirectDraw Surface的缩写，实际上，它是DirectX纹理压缩技术（DirectX Texture Compression，DXTC）的产物。DirectDraw是微软发行的DirectX软件开发工具箱（SDK）中的一部分，微软通过DirectDraw，为广大开发者提供了一个比GDI层次更高、功能更强、操作更有效、速度更快的应用程序图像引擎。

DDS作为微软DirectX特有的纹理格式，它是以2的n次方算法存储图片。对于模型贴图来说，传统bmp、jpg、tga、png等格式的图片在打开VRP文件时，需要在显存中进行加载格式转换的处理，而DDS格式的图片由于其自身特性，在打开时可以以极快的速度进行加载，所以通常在三维网络游戏项目中都将DDS作为默认的三维模型贴图格式。同时，DXTC技术还减少了贴图纹理的内存消耗量，比传统技术节省了50%甚至更多。DDS图片包含三种DXTC格式，分别为DXT1、DXT3和DXT5。

一般来说，我们无法直接打开DDS格式的图片文件，也无法通过Photoshop等平面图像处理软件将图片转存为DDS格式，要想实现这些操作必须安装相关的DDS插件。我们可以通过网络搜索"NVIDIA Photoshop Plugins dds"等关键词来获得插件的资源下载，下载的插件资源一般包含三个文件：dds.8bi、NormalMapFilter.8bf和msvcp71.dll。然后将dds.8bi和NormalMapFilter.8bf文件复制到"\Program Files\Adobe\Photoshop CS\增效工具\滤镜"目录下，同时将msvcp71.dll文件复制到Photoshop CS的安装根目录下，这样就完成了DDS插件的安装。

当为Photoshop软件安装了DDS插件之后，可以用Photoshop CS软件来打开DDS格式的图片。选择并打开一张DDS图片，这时会弹出Mip Maps对话框（见图2-7）。由于Mip-mapping的核心特征是根据物体景深方向位置的变化来选择贴图的显示方式，Mip映射根据不同的远近来显示不同大小的材质贴图，比如在游戏场景中的建筑模型默认贴图为512×512像素尺寸，当游戏中玩家角色视角距离建筑模型较远时，模型贴图则会以256×256像素尺寸显示，距离越远贴图显示的尺寸越小，这样不仅可以产生良好的视觉效果，同时也极大地节约了系统资源。当我们单击Mip Maps对话框的"是"按钮时就可以看到DDS贴图不同尺寸的显示形式（见图2-8），正常情况下我们单击"否"按钮，即可在Photoshop中打开DDS图片。

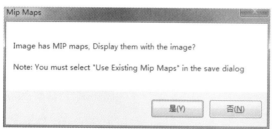

图2-7　Mip Maps对话框

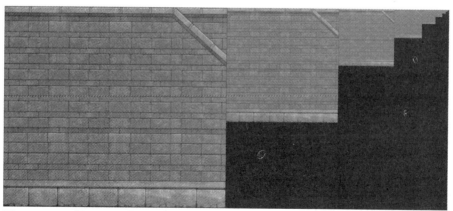

图2-8　DDS贴图显示方式

接下来我们可以对打开的DDS图片进行修改和编辑，修改完成后可以对其进行存储。另外，其他格式的图片在Photoshop软件中也可以被转存为DDS格式，可以通过Shift+Ctrl+S快捷键对图片进行存储，在弹出对话框的图片格式下拉列表中选择DDS格式，之后会弹出DDS格式的存储设置窗口，如图2-9所示。

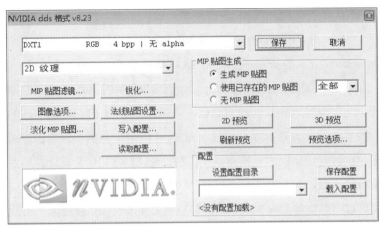

图2-9　DDS格式存储设置窗口

在实际操作中，对于这个窗口中的各项参数设置保持默认状态即可，如果贴图不包含Alpha通道，就选择DXT1 RGB格式来进行存储，对于包含Alpha通道的图片我们必须选择DXT1 ARGB、DXT3 ARGB或DXT5 ARGB等格式来进行存储，尤其对于三维植物模型的叶片贴图，选择DXT5 ARGB格式显示效果最好。这里还需要注意的是，由于DDS格式的图片是以2的n次方算法存储的，所以在编辑时还必须保证当前的图片尺寸为2的n次方，否则，存储图片时对话框里的"保存"按钮将为灰色不可点选状态。

如果想在不打开Photoshop软件的情况下直接查看DDS图片，我们可以通过一些DDS图片浏览器插件来进行查看，这里介绍一款名为"WTV"的DDS查看器。这是一款无须安装可独立运行的小程序插件，同样可以通过网络搜索来进行下载。我们可以将DDS图片直接拖曳到WTV的窗口中来进行查看，也可以在DDS图片图标上通过单击鼠标右键，在弹出的快捷菜单中选择"打开方式"命令来进行设置，让所有的DDS格式图片直接关联WTV程序（见图2-10）。

图2-10　WTV图片查看器

2.2.2 无缝贴图制作插件

三维游戏场景模型相对于角色模型来说体积十分巨大,通常一个墙面的高度就超过角色数倍,如果在制作模型贴图的时候像角色模型那样,将模型所有元素的面片全部平展到一张贴图上,那么最后实际游戏中贴图的效果一定会变得模糊不清、缺少细节,所以在制作场景模型的时候就需要用到"无缝贴图"。

"无缝贴图"也称为"循环贴图",就是指在3ds Max的Edit UVWs编辑器中贴图边界可以自由连接并且不产生接缝的贴图,通常分为二方连续无缝贴图和四方连续无缝贴图。二方连续无缝贴图就是指贴图在平面的上下或者左右一个轴向方向上连接时不产生接缝,而四方连续无缝贴图就是贴图在上下左右两个平面轴向连接时都不产生接缝,让贴图形成可以无限连接的大贴图。

图2-11就是四方连续无缝贴图的效果,白线框中是贴图本身,贴图的右边缘与左边缘、左边缘与右边缘、上边缘与下边缘、下边缘与上边缘都可以实现无缝衔接。所以在模型贴图的时候就不用担心模型的UV细分问题,只需要根据模型整体大小调整贴图的比例即可。其实对于无缝贴图,我们完全可以利用Photoshop等平面图像处理软件来进行制作和绘制,但是像四方连续这样的无缝贴图,如果想要得到良好的图片效果,将会花费大量的时间在图片细节的修改和编辑上。所以在实际游戏项目的制作中,我们通常会利用一些插件来进行辅助制作,这样大大节省了时间,提高了工作效率。

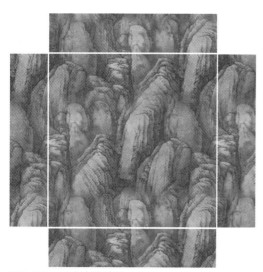

图2-11 四方连续贴图

首先来介绍一款名为Seamless的无缝贴图制作插件,这款插件全称为"Seamless Texture Creator",整体是一款十分小巧的独立运行应用程序,软件下载后解压即可使用,无须安装操作。图2-12是软件启动后的程序界面。

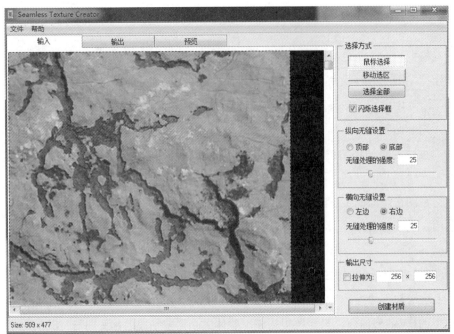

图2-12　Seamless无缝贴图制作软件的界面

软件操作界面整体分为两大部分：左侧的窗口面板和右侧的参数设置面板。窗口面板可以显示我们导入或者输出的贴图图片，参数设置面板可以对导入的原始图片进行设置，最终得到适合的无缝贴图效果。下面来介绍一下利用Seamless制作无缝贴图的流程。

首先，在"文件"菜单中打开想要制作无缝贴图的素材图片，然后通过右侧的参数面板来进行设置。在参数面板中，顶部的"选择方式"可以设置想要制作无缝贴图的选区范围，默认方式是全选状态，也就是将导入的图片整体进行无缝处理。接下来通过面板中部的"横向无缝设置"和"纵向无缝设置"对图片的无缝衔接方式进行设置，"无缝处理的强度"可以控制无缝衔接羽化范围的大小。面板下方可以设置无缝贴图的输出尺寸大小，然后单击"创建材质"按钮就可以直接生成无缝贴图。我们可以切换到窗口面板的预览模式来查看无缝贴图的效果，还可以与原始素材来进行对比查看（见图2-13）。

Seamless虽然可以快速制作处理无缝贴图，但其软件的功能性过于简单，另外，处理过的图片虽然可以实现基本的无缝衔接，却缺乏一定的自然感和真实度，所以接下来再来介绍一款功能更为强大的无缝贴图处理软件——PixPlant。

PixPlant相对于Seamless功能最为强大的地方在于，PixPlant不仅可以将一张图片自身处理为无缝衔接效果，还可以在其基础上叠加新的纹理图层，让贴图呈现更加多样、真实和自然的视觉效果。另外，PixPlant还可以将处理生成的贴图直接设置输出为法线贴图，这些功能都让PixPlant在三维游戏场景贴图制作和处理上极具优势，也是现在网络游戏项目美术制作中常用的插件之一。

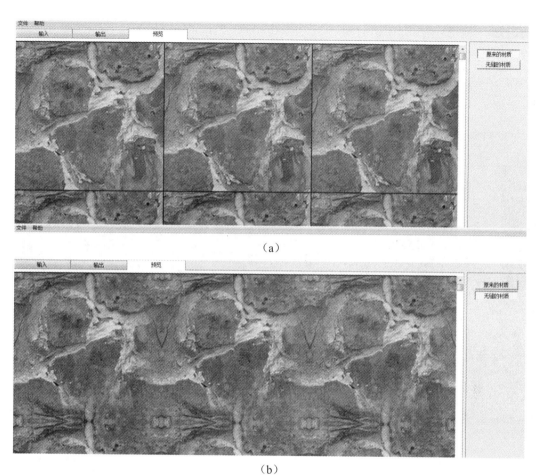

图2-13 原始素材与无缝处理后的对比

PixPlant软件安装完成后，单击启动软件的操作界面（见图2-14）。整体来说，PixPlant的操作界面也分为左右两大部分，左侧为基础素材图片的显示窗口，右侧为叠加素材图片的显示窗口和参数设置面板。在软件界面上方是菜单栏，包括File（文件）、Edit（编辑）、View（视图）、Seed（种子）和Help（帮助）五个菜单选项。File菜单中主要包含打开素材图片、生成无缝贴图、保存贴图和软件设置等选项；Edit菜单中包含对操作撤销、取消撤销和复制纹理到视窗面板等命令；View菜单主要用来设置素材图片在窗口中的显示方式和缩放大小等；Seed菜单主要用来添加和删除叠加纹理的素材图片；Help菜单中包含软件相关信息以及软件的使用说明文档等。

通过File菜单下的Load Texture可以将原始素材图片导入软件左侧的贴图面板当中，然后通过Seed菜单或者Seed Image视图右上角的Add按钮来添加种子图片。所谓的种子图片，就是额外叠加的纹理素材图片，首先通过Add Seed from Texture Canvas命令将原始素材图片自身作为种子图片添加进来，如果还想叠加其他的纹理素材，可以通过Add Seed from File命令来选择添加。通过下方参数面板中的Seed Scale设置种子图片横向和纵向的缩放比例，这样可以让生成的贴图更具多样性（见图2-15）。通过下方的Extra Seed Symmetry（附加种子对称性）设置，可以让种子图片叠加得更自然和真实。接下来可以通过纹理面板左下角的Tiling选项来选择无缝贴图的形式，包括Horizontal（横向二方连续）、Vertical（纵向二方连续）和Both（四方连续）三种形式，然后单击下方的Generate按钮就可以生成无缝贴图了。

图2-14　PixPlant软件界面

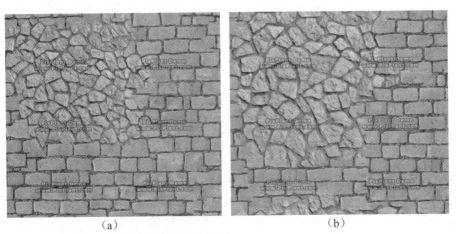

（a）　　　　　　　　　　　（b）

图2-15　种子图片不同缩放比例下的显示效果

此外，PixPlant还有一项比较实用的功能，那就是Straighten Seed（矫正种子）命令。如果我们导入的基础素材纹理并不是特别规则，我们可以通过矫正种子命令对图像进行适度的拉伸变形操作，以得到符合要求的纹理贴图。如图2-16所示，原始素材是带有透视角度的图片，我们可以通过Straighten Seed窗口面板中的线框来对其进行矫正操作，得到图2-16右侧的规则纹理贴图效果。

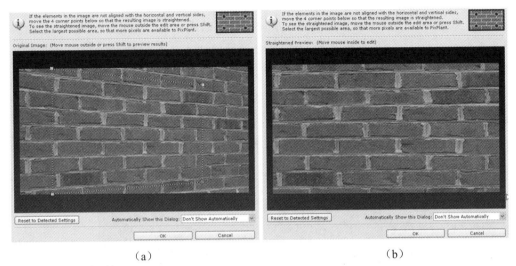

图2-16 矫正种子效果

在软件菜单栏下方,可以通过3D Material标签切换到3D材质界面,这里可以利用详细的参数设置来生成无缝贴图的法线和高光贴图,图2-17是不同贴图叠加到3D材质球上的效果。

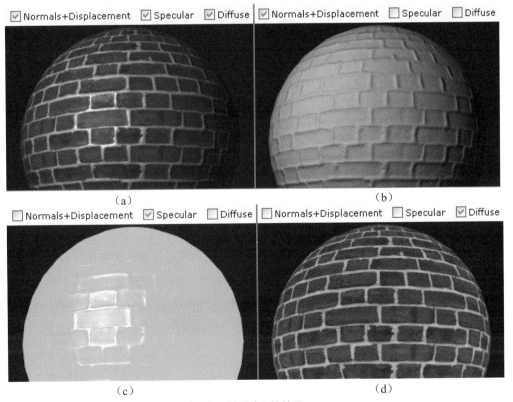

图2-17 法线、高光和固有色贴图叠加到3D材质球上的效果

2.2.3 法线贴图制作插件

近几年，随着次世代引擎技术的飞速发展，以法线贴图为主流技术的电脑游戏大行其道，成为未来电脑游戏美术的主要制作方向。所谓的法线贴图，是可以应用到3D表面的特殊纹理，不同于以往的纹理只可以用于2D表面。作为凹凸纹理的扩展，它包括了每像素的高度值，内含许多细节的表面信息，能够在平平无奇的物体上，创建出许多种特殊的立体外形（见图2-18）。可以把法线贴图想象成与原表面垂直的点，所有点组成另一个不同的表面。就视觉效果而言，它的效率比原有的表面更高，若在特定位置上应用光源，可以生成精确的光照方向和反射，法线贴图的应用极大地提高了游戏画面的真实性与自然感。

图2-18　利用法线贴图制作的游戏角色模型

对于3D次世代游戏角色模型的制作，现在通用的方法是利用Zbrush三维雕刻软件深化模型细节，使之成为具有高细节的三维模型（见图2-19），然后通过映射烘焙出法线贴图，并将其添加到低精度模型的法线贴图通道上，使之拥有法线贴图的渲染效果。这样大大降低了模型的面数，在保证视觉效果的同时最大限度地节省了资源。

对于3D次世代游戏场景模型所用到的法线贴图，其实制作起来要比角色模型的法线贴图容易得多，由于场景模型贴图的形态大多比较规则，且多以自然纹理为主，所以在制作的时候完全可以通过普通纹理贴图转化来实现。像前面我们讲到的PixPlant无缝贴图处理软件就自带法线贴图的输出功能。下面再来介绍一款更加专业的法线贴图制作软件——CrazyBump。

CrazyBump是一款体积小巧、操作快捷的法线贴图转换制作软件，操作步骤十分简单，但却可以获得理想的法线贴图效果。我们可以从网上下载CrazyBump的安装程序，经过简单的安装步骤后便可以启动软件，软件的启动界面如图2-20所示。

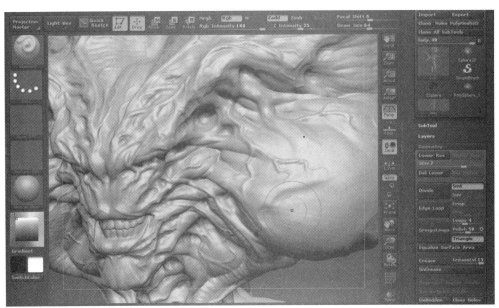

图2-19 利用Zbrush软件雕刻模型细节

图2-20 CrazyBump的启动界面

窗口中间三个选项是用来认证激活软件的，单击窗口左下角的Open按钮可以进入图片选择界面，如图2-21所示。这里可以选择想要打开的贴图类型，包括普通照片、高光贴图以及法线贴图。如果想要利用普通纹理图片转化制作一张法线贴图就单击Open photograph from file按钮，如果想要对一张法线贴图进行修改可以单击Open normal map from file按钮。窗口下方的三个按钮用于打开调用内存粘贴板中的图片。这里我们单击Open photograph from file按钮。

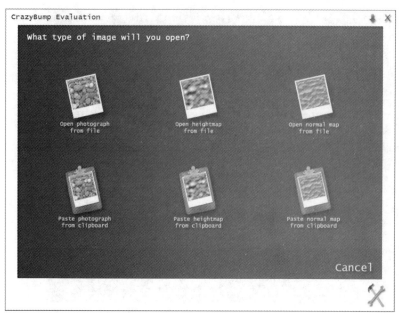

图2-21　选择打开的贴图类型

接下来打开的窗口用来选择法线贴图纹理的凹凸方式,这两种方式互为反向的关系,这里根据自己制作贴图的需要来进行选择(见图2-22)。

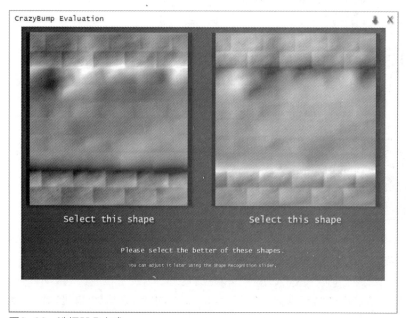

图2-22　选择凹凸方式

然后我们将正式进入法线贴图的参数设置窗口,来进行法线贴图的详细设置(见图2-23)。窗口左侧的参数面板包括:Intensity(强度),用来设置法线凹凸效果的强度;Sharpen(锐度),用来设置细节的锐化程度;Noise Removal(降噪),用来去除贴图产生的噪点；Shape Recognition（形状识别），用来设置凹凸纹理边缘的显示效果；Fine Detail、Medium Detail、Large Detail、Very Large Detail等参数用来设置贴图纹理凹凸的显示细节。

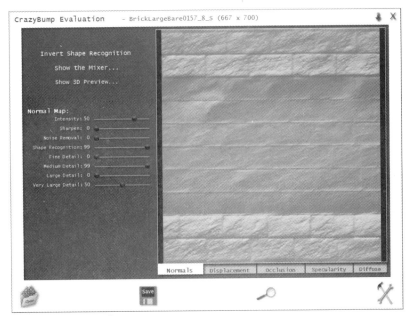

图2-23　参数设置窗口

单击参数面板上方的Show 3D Preview按钮，可以查看法线贴图在3D材质球上的显示效果，如图2-24所示。在法线贴图显示窗口的下方还可以打开置换、高光、固有色贴图设置页面，进行其他贴图类型的设置。最后单击窗口下方的Save按钮可以对制作完成的贴图进行保存和输出。

图2-24　3D预览窗口

2.3 三维游戏场景制作插件

三维软件的插件是指由第三方公司开发,用于辅助三维软件的设计与制作,让整体工作流程更加快捷的程序软件,插件必须依附于主流的三维设计制作软件,通常不能独立运行。3ds Max针对不同设计和制作领域,拥有众多插件的辅助和支持,例如著名的渲染插件MentalRay、Brazil、景观插件Dreamscape、布料插件Simcloth、粒子插件Illusion等,本节简单介绍两款在场景制作上常用的插件。

2.3.1 GhostTown城市生成插件

GhostTown 是一款3ds Max的城市生成插件,主要用于快速创建出大面积区域的城市模型与道路系统,GhostTown在制作城市模型上具备以下几方面优点。

(1)高精度和低精度的模型可以随意切换,不需要重新制作,低精度模型可以运用在游戏场景中,高精度模型则可以用于影视制作或建筑巡游。

(2)Roadtool道路功能可以快速创建基本的道路布局,同时可以根据平面地图来绘制道路(见图2-25)。

(3)插件提供简单易用的材质系统,可以在场景建筑模型上自行添加专属的贴图材质。

(4)可以在需要细节的建筑模型上使用预置的脚本制作出高精度的建筑细节。

(5)自动创建公园与绿化区域,自动搭配道路、车辆系统。

图2-25 利用GhostTown插件迅速生成的城市建筑和道路

图2-26左侧就是GhostTown安装完成后在3ds Max中的主界面,作为一款插件,GhostTown的操作面板还是比较简单的,整体的操作流程也很便捷。下面针对其主界面中常用的命令功能进行具体讲解。

图2-26　GhostTown的操作面板

Setup设置面板，是对即将生成的城市进行规划设置的命令控制面板，第一项下拉菜单中的命令用来绘制城市规划的范围，其中包括三个选项：By Shape/G是根据给出的线条外观生成地形外观的命令；Paint Topology（绘制拓扑）命令，就是直接绘制城市范围，这里要注意的是之前绘制过有模型存在的区域是不能重新绘制的，不然模型会重叠到一起；Paint Strips命令类似于3ds Max的石墨工具，可是创建一个特殊的平面，然后单击Setup按钮开始绘制；Auto（自动生成）命令，选中这个命令并单击Setup按钮，就会自动生成一个合理的规划区域平面（见图2-27）。

图2-27　Setup设置面板

第二项下拉菜单LotDivision是默认选项，无法变更与设置。

第三项下拉菜单中的命令用来控制生成的平面是否产生多个多边形单位，比如，原始设置是Single命令，所生成的平面必然是单独一个物体；如果选用另外两项，尤其是第三项，它们生成后会自动把地形拆分成多个模型物体。

Size（尺寸命令），这个选项很简单，它只与Auto模式或者Custom模式互动，Size数值越大，生成的地面就越大，Auto模式中的线段也会更密集。

面板下方还有两个按钮，Layers（层）指的是生成的建筑模型的分层；Modify（修改）是一个简单的处理工具栏，可以对已经生成的城市地形进行一些全局修改，比如细分、网格平滑、增加地面高差噪波、松弛模型等。

Setup面板下方有三个按钮，分别为Setup、Build和reBuild。Setup用来执行大部分的脚本功能；Build用来生成城市；reBuild是重新生成城市（见图2-28）。

图2-28　Setup、Build和reBuild面板选项

主界面第二栏为Build Settings（生成设置），这里我们重点介绍左侧的命令面板。第一项下拉菜单用来选择城市类型，包括三项，其中LotDivision（现代城市）和Scifi（未来城市）是系统预设的两种脚本类型，Custom为自定义类型，这里可以选择自己所编写的城市脚本（见图2-29）。

图2-29　Build Settings面板

第二项下拉菜单是用来设置建筑模型细节的命令，LoPoly为低精度模型，HiPoly为高精度模型，两种类型的建筑模型区别比较明显，尤其是房顶的结构和细节。

第三项下拉菜单用来设置生成建筑模型的材质效果，有四个选项：White，建筑主要表面为白色；Use Palette，Palette就是右侧面板上方的六个随机色块，脚本会按照Palette的颜色随机抽取这六种颜色作为楼顶的颜色；Use ImgPlette，右侧面板下方有密密麻麻的马赛克，软件提供了很多个预设以供使用，如果感觉没有满意的色彩，可以载入一张图片，然后自动马赛克化获得整体色调，这主要用于楼顶的随机颜色，跟Use Palette唯一的区别是这个功能可以调用图片作为色彩参考；Textures（材质选项），用脚本库内保存的材质贴图随机生成楼房材质，包括露台和楼顶两种。

下面有五个复选框命令，属于全局控制命令，这五个复选框是要在生成城市之前选中的，如果之后选中必须重新生成城市才能实现效果。

Angled roofs，这个命令是在选择生成HiPoly后生效，可以生成尖角的屋顶。

Streetstuff，这个命令用来设置街道上的细节，包括汽车、路灯、行道树、路边座椅甚至人物角色等。

Roofstuff，这是用来设置屋顶的细节的命令，比如热水器、楼顶信号塔等，使用这个选项也必须选择HiPoly。

Box，把生成的Roofstuff以Box线框模式显示，因为像热水器、信号塔这些模型的面数很高，如果大量生成必然会造成系统崩溃，这是一个软件操作的技巧命令。

Create Parks，在某些区域生成一个整体的公园模型，其中包括树木和一些简单的模型物体。

Build Settings（生成设置）面板下方是Infrastructure & modeling（基础设施模型）命令面板，这里所有的选项都是用来设置城市整体细节的，包括河流、公园、街道等，虽然这里包含众多的选项和命令，但操作十分简单方便，只需要几次尝试和练习就可以搭建出符合自己要求的城市体系。下面通过一个小的实例来演示GhostTown的制作流程。

首先，进入3ds Max创建面板中的Shapes（形状）菜单，创建出两个矩形线框（见图2-30）。

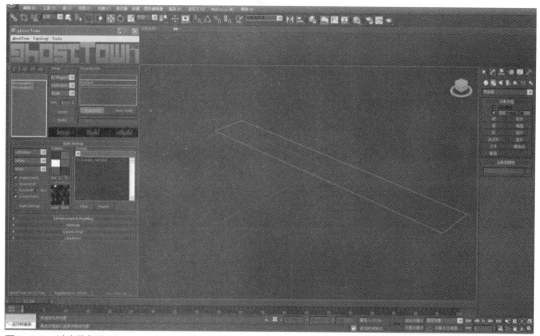

图2-30　创建线框图形

单击GhostTown主界面中的Setup按钮，这时二维线条已经转换为可编辑的多边形物体，然后利用编辑多边形中的Slice（切割）命令，随意切割出想要的城市布局（见图2-31）。

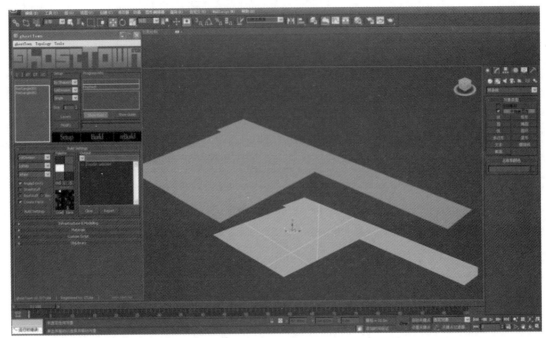

图2-31 切割城市布局

然后再次单击主界面中的Setup按钮,这时多边形已经在之前的格局上进行了细分处理,接下来进入Build Settings面板对城市整体进行相关设置和细节操作(见图2-32)。

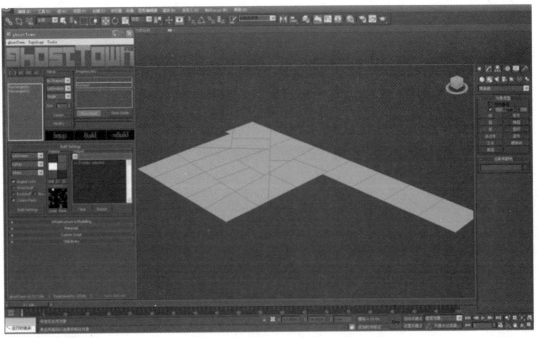

图2-32 设置细节

这里也可以从网络上下载共享的完整城市脚本,通过Custom Script(自定义脚本)面板进行载入（见图2-33），最终设置完成后单击主界面上的Build按钮，一个完整的城市模型体系就生成了（见图2-34）。

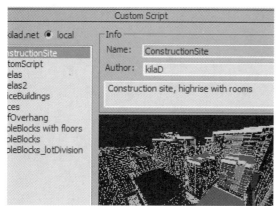

图2-33 载入脚本

图2-34 生成城市模型

目前GhostTown插件主要用于制作现代城市，插件提供的默认设置中也可以用来制作未来城市。在用途上，GhostTown还是更多被用于制作三维电子地图（见图2-35）、建筑巡游和影视效果，但如果想要制作以中国古代传统建筑为主的城市体系也并非不可能，可以通过自定义脚本功能来制作相关的模型元素，最后整合成可独立运行的GhostTown城市脚本。随着插件版本的不断更新和用户范围的扩大，在网络上可以搜集到更多免费共享的完整城市脚本，相信很快各种风格的城市体系脚本都会相应产生。

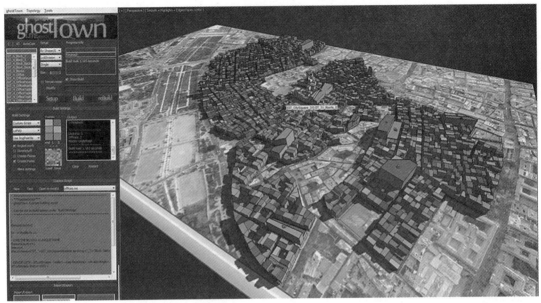

图2-35 利用GhostTown制作的电子地图区块

2.3.2 SpeedTree植物生成插件

SpeedTree是一款由美国IDV公司研发的专业三维植物建模软件,支持大片树木的快速建立和渲染,并且软件本身还带有强大的树木库,不仅可以通过插件将树木导入其他三维建模软件中使用,也可以为游戏引擎提供强大的树库支持。目前SpeedTree已经被整合到著名的游戏引擎Unreal中,成为其专用的植物生成软件。图2-36为虚幻引擎Unreal中利用SpeedTree制作的植物模型效果。

图2-36 Unreal中的植物效果

SpeedTree插件由SpeedTree Modeler、SpeedTree Compiler和SpeedTree SDK三部分构成。Modeler主要负责植物的建模，Compiler主要是将材质和贴图打包为程序所用，SDK则是结合程序绘制SpeedTree建模的树木或者森林。图2-37就是SpeedTree Modeler的程序界面，由于SpeedTree已被虚幻引擎整合，这里对软件的操作部分就不做过多讲解了。

图2-37　SpeedTree Modeler的程序界面

也许是受到传统工业流水线的启发，3D引擎方面也逐渐出现了单独专注于某个领域的产品，SpeedTree就是这样一款配合引擎使用的软件。顾名思义，SpeedTree是专门负责在游戏中"栽种"树木的程序，它不仅能够营造出非常真实的树木和森林效果，而且可以作为元素方便地嵌入其他渲染引擎当中，为任何一款游戏带去优质的画面。

SpeedTree还拥有很多特效以及优化技术。开发者只需要输入环境中的风速和风向等自然条件，SpeedTree就可以让树木实时生成绝对逼真的摆动效果。在图形优化方面，极远处的树木我们只需要几个多边形加上雾化就极具真实感，而随着距离的拉近，SpeedTree会动态地将树木的多边形数量增加，最大限度地平衡了硬件性能和视觉效果。此外，SpeedTree还能够优化程序代码，在运行期间调整CPU与GPU之间的工作量分配，让系统资源发挥出最大的效率。

第3章 3ds Max 软件基础

3.1　3ds Max软件基础操作

本章我们开始学习三维游戏制作中最主要的三维制作软件3ds Max，在这一节中我们主要学习3ds Max软件的安装以及软件主界面和视图窗口的基本操作。

3.1.1　3ds Max软件的安装

我们可以登录Autodesk的官方网站，从上面下载3ds Max的最新版安装程序，新版下载软件可以免费试用30天。随着微软Windows 64位操作系统的普及，3ds Max软件从9.0版开始分为32位和64位两种软件版本，用户可以根据自己的电脑硬件配置和操作系统来自行选择安装适合的版本。

与其他图形设计类软件一样，3ds Max软件的安装程序也采用了人性化、便捷化的流程，整体的安装步骤和方法十分简单，下面我们以3ds Max 2019为例来了解一下软件的安装过程。单击3ds Max软件安装程序的图标，启动运行安装程序界面。在弹出的窗口中包含软件语言的选择、安装程序、安装工具和组件、查看安装帮助文档、系统要求文档、退出等选项。我们单击"安装"按钮，开始软件的安装（见图3-1）。

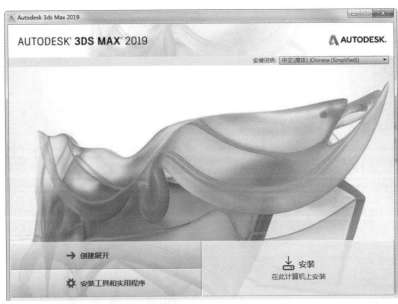

图3-1　3ds Max软件安装启动界面

与其他软件的安装一样，接下来会弹出"许可及服务协议"的阅读文档界面，选中"我接受"单选按钮，并单击Next按钮继续软件的安装（见图3-2）。

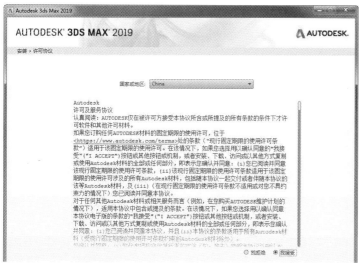

图3-2　"许可及服务协议"界面

下一步将弹出产品信息页面，这里将选择我们购买产品的注册认证类型，包括Stand Alone单机版以及Network联机版，对于个人电脑通常选择单机版。下面是产品信息的注册，需要填写正版软件产品的序列号（Serial Number）以及产品密钥（Key）。如果还没有购买正版软件，可以选择免费试用。

在接下来的界面中，我们将选择设置软件安装的安装路径以及3ds Max附带的各种类型的材质库，默认状态下将全部安装，也可以自行选择安装（见图3-3）。然后单击"安装"按钮就正式激活软件的安装过程。

图3-3　"配置安装"界面

等软件全部安装完成后，我们可以在桌面的安装目录里找到3ds Max，然后可以选择相应的语言版本，这里我们可以选择简体中文或者英文版（见图3-4）。如果购买了正版软件，还需要对其进行注册激活。在弹出的界面中，可以选择免费试用或者正版激活，我们单击"激活"按钮。

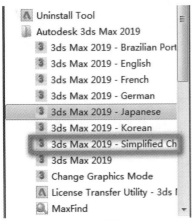

图3-4　选择软件语言版本

在接下来的界面中选中"我已阅读Autodesk隐私保护政策"复选框，并单击"继续"按钮（见图3-5）。

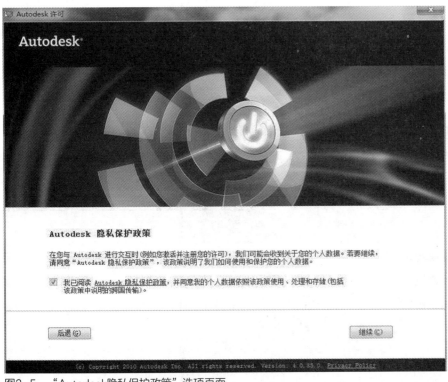

图3-5　"Autodesk隐私保护政策"选项页面

接下来将弹出3ds Max软件正版注册及激活选项页面,如果是安装的正版软件,由于之前我们已经输入了产品序列号及密钥,所以可以直接选中"立即连接并激活"单选按钮,也可以在下方输入Autodesk提供的激活码来激活软件(见图3-6)。完成以上流程后,就正式完成了软件所有的安装步骤,然后就可以运行3ds Max软件并进行各种设计和制作工作了。

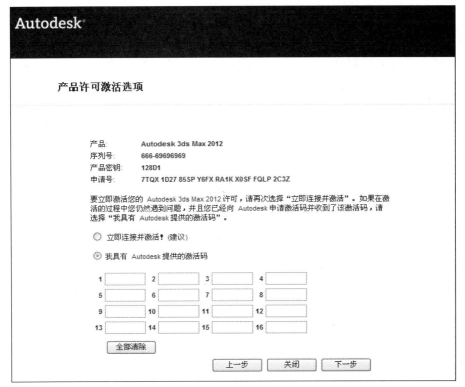

图3-6 产品许可激活页面

3.1.2 3ds Max软件界面与视图基础操作

启动软件后,展开的窗口就是3ds Max的操作主界面,3ds Max的界面从整体来看主要分为菜单栏、快捷按钮区、快捷工具菜单、工具命令面板区、动画与视图操作区以及视图区六大部分(见图3-7)。

对于三维游戏场景美术制作来说,主界面中最为常用的是快捷按钮区、工具命令面板区以及视图区。菜单栏虽然包含众多的命令,但实际建模操作中用到的很少,菜单栏中常用的几个命令也基本包括在快捷按钮区中,只有File(文件)和Group(组)菜单比较常用。

视图作为3ds Max软件中的可视化操作窗口,是三维模型制作中最主要的工作区域,熟练掌握3ds Max视图操作是日后三维游戏场景美术设计制作最基础的能力,而操作的熟练程度也直接影响着项目的工作效率和进度。

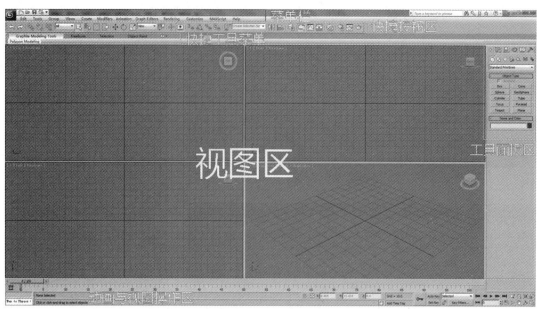

图3-7　3ds Max的软件主界面

在3ds Max软件界面的右下角就是视图操作按钮，按钮不多，却涵盖了几乎所有的视图基本操作，但在实际制作当中这些按钮的实用性并不大，因为如果仅靠按钮来完成视图操作，那么整体制作效率将大大降低。在实际三维设计和制作中，更多的是用每个按钮相对应的快捷键来代替单击按钮操作，能熟练运用快捷键来操作3ds Max软件也是三维游戏美术师的基本标准之一。

3ds Max视图操作从宏观上来概括主要包括以下几个方面：视图选择与快速切换、单视图窗口的基本操作以及视图中右键菜单的操作，下面针对这几个方面进行详细讲解。

1. 视图选择与快速切换

3ds Max软件中视图默认的经典模式是"四视图"，即顶视图、正视图、侧视图和透视图。但这种四视图的模式并不是唯一、不可变的，在视图左上角"+"号下单击，在弹出的菜单中选择Configure Viewports选项，会出现视图设置窗口，在Layout（布局）标签栏下就可以针对自己喜欢的视图样式进行选择（见图3-8）。

在游戏场景制作中，最为常用的多视图格式还是经典四视图模式，因为在这种模式下不仅能显示透视或用户视图窗口，还能显示Top、Front、Left等不同视角的视图窗口，可以使制作模型时操作更加便捷、精确。在选定好的多视图模式中，把鼠标指针移动到视图框体边缘可以自由拖动调整各视图之间的大小，如果想要恢复原来的设置，只需要把鼠标指针移动到所有分视图框体交接处，在出现移动符号后，单击鼠标右键，在弹出的快捷菜单中选择Reset Layout（重置布局）命令即可。

下面简单介绍不同的视图角度：Top视图是指从模型顶部正上方俯视的视角，也称为顶视图；Front视图是指从模型正前方观察的视角，也称为正视图；Left视图是指从模型正侧面观察的视角，也称为侧视图；Perspective视图也就是透视图，是以透视角度来观察模型的视角（见图3-9）。此外，常见的视图还包括Bottom（底视图）、Back（背视图）、Right（右视图）等，分别是顶视图、正视图和侧视图的反向视图。

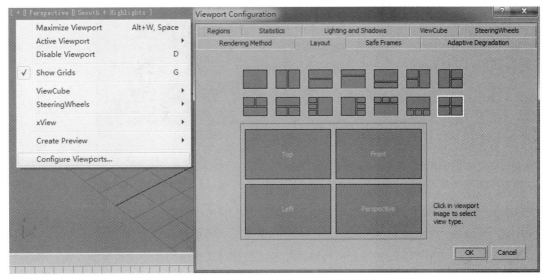

图3-8　视图布局设置

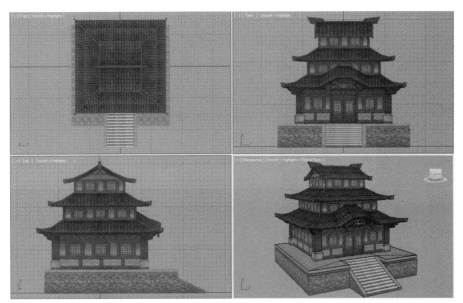

图3-9　经典四视图模式

在实际的模型制作当中，透视图并不是最为适合的显示视图，最为常用的是Orthographic（用户视图），它与透视图最大的区别是，用户视图中的模型物体没有透视关系，这样更利于在编辑和制作模型时对物体的观察（见图3-10）。

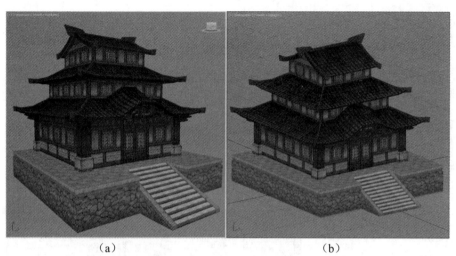

　　（a）　　　　　　　　　　　　（b）

图3-10　透视图与用户视图的对比

　　在视图左上角"+"右侧有两个选项，用鼠标单击可以显示菜单选项。图3-11左侧的菜单是视图模式菜单，主要用来设置当前视图窗口的模式，包括摄像机视图、透视图、用户视图、顶视图、底视图、正视图、背视图、左视图、右视图等，选项的右边是对应的快捷键。在选中的当前视图下或者单视图模式下，都可以直接通过快捷键来快速切换不同角度的视图。多视图和单视图切换的默认快捷键为Alt+W。当然，所有的快捷键都是可以设置的，编者本人更愿意把这个快捷键设定为空格键（space）。

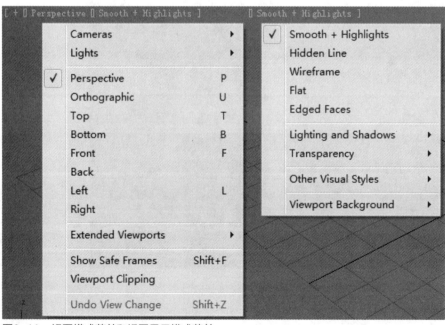

图3-11　视图模式菜单和视图显示模式菜单

在多视图模式下想要选择不同角度的视图，只需要单击相应视图即可，被选中的视图周围出现黄色边框。这里涉及一个实用技巧：在复杂的包含众多模型的场景文件中，当前正选择了一个模型物体，而同时想要切换视图角度，如果直接左键单击其他视图，在视图被选中的同时也会丢失对模型的选择。如何避免这个问题？其实很简单，只需要右键单击想要选择的视图即可，这样既不会丢失模型的选择状态，同时还能激活想要切换的视图窗口，这是在实际软件操作中经常用到的一个技巧。

图3-11右侧的菜单是视图显示模式菜单，主要用来切换当前视窗模型物体的显示方式，包括五种显示模式：光滑高光模式（Smooth + Highlights）、屏蔽线框模式（Hidden Line）、线框模式（Wireframe）、自发光模式（Flat）以及线面模式（Edged Faces）。

Smooth + Highlights模式是模型物体的默认标准显示方式，在这种模式下模型受3ds Max场景中内置灯光的光影影响；在Smooth + Highlights模式下可以同步激活Edged Faces模式，这样可以同时显示模型的线框；Wireframe模式就是隐藏模型实体，只显示模型线框的显示模式。不同模式可以通过快捷键来进行切换，F3键可以切换到线框模式，F4键可以激活线面模式。通过合理的显示模式的切换与选择，可以更加方便地进行模型的制作。图3-12分别为这三种模式的显示方式。

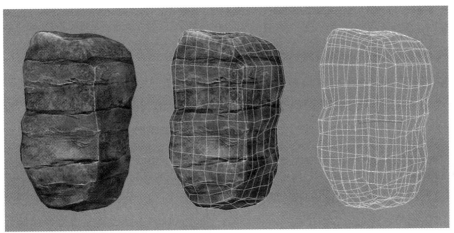

图3-12　光滑高光模式、线面模式和线框模式

在3ds Max 9.0以后的版本，软件又加入了Hidden Line和Flat两种特殊的显示模式。Flat模式类似于模型自发光的显示效果，而Hidden Line模式类似于叠加了线框的Flat模式，在没有贴图的情况下模型显示为带有线框的自发光灰色，添加贴图后同时显示贴图与模型线框。这两种显示模式对于三维游戏制作非常有用，尤其是Hidden Line模式可以极大提高即时渲染和显示的速度。

2. 单视图窗口的基本操作

单视图窗口的基本操作主要包括视图焦距推拉、视图角度转变、视图平移等。视图焦距推拉主要用于视图整体操作与精确操作、宏观操作与微观操作的转变；视图推进可以进行更加精细的模型调整和制作；视图拉出可以对整体模型场景进行整体调整和操作，快捷键为"Ctrl+Alt+鼠标中键单击拖动"，在实际操作中更为快捷的操作方式可以用鼠标滚轮来实现，滚轮向前滚动为视图推进，滚轮向后滚动为视图拉出。

视图角度转变主要用于模型制作时进行不同角度的视图旋转，方便从各个角度和方位对模型进行操作。具体操作方法为：同时按住Alt键与鼠标中键，然后滑动鼠标进行不同方向的转动操作。右下角的视图操作按钮中还可以设置不同轴向基点的旋转，最为常用的是Arc Rotate Subobject，是以选中物体为旋转轴向基点进行视图旋转。

视图平移操作方便在视图中进行不同模型间的查看与选择，按住鼠标中键就可以进行上下左右不同方位的平移操作。在3ds Max右下角的视图操作按钮中按住Pan View按钮可以切换为Walk Through（穿行模式），这是3ds Max 8.0版本后增加的功能，这个功能对于游戏制作尤其是三维场景制作十分重要。将制作好的三维游戏场景切换到透视图，然后通过穿行模式可以以第一人称视角的方式身临其境地感受游戏场景的整体氛围，从而进一步发现场景制作中存在的问题，以方便之后的修改。在切换为穿行模式后，鼠标指针会变为圆形目标符号，通过W键和S键可以控制前后移动，A键和D键控制左右移动，E键和C键控制上下移动，转动鼠标可以查看周围场景，通过Q键可以切换行动速度快慢。

这里还要介绍一个小技巧：在一个大型复杂的场景制作文件中，当我们选定一个模型后进行视图平移操作，或者通过模型选择列表选择了一个模型物体，如果想快速将所选的模型归位到视图中央，这时我们可以通过一个操作来实现视图中模型物体的快速归位，那就是快捷键Z，无论当前视图窗口与所选的模型物体处于怎样的位置关系，只要敲击键盘上的Z键，都可以让被选模型物体在第一时间迅速移动到当前视图窗口的中间位置。如果当前视图窗口中没有被选择的物体，这时Z键将整个场景中所有物体作为整体显示在视图屏幕的中间位置。

在3ds Max 2009版本后，软件加入了一个有趣的新工具——ViewCube（视图盒），这是一个显示在视图右上角的工具图标，它以三维立方体的形式显示，并可以进行各种角度的旋转操作（见图3-13）。盒子的不同面代表了不同的视图模式，通过鼠标单击可以快速切换各种角度的视图，单击盒子左上角的房屋图标可以将视图重置到透视图坐标原点的位置。

另外，在单视图和多视图切换时，特别是切换到用户视图后，再切回透视图透视角度经常会发生改变，这里的视野角度是可以设定的，选择视图左上角"+"菜单下的Configure Viewport选项，在打开的视图设置窗口的Rendering Method标签栏右下角，可以用具体数值来设定视野角度，通常默认的标准角度为45°（见图3-14）。

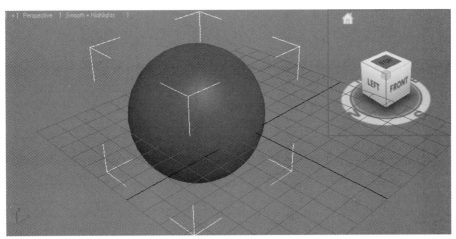

图3-13 ViewCube（视图盒）

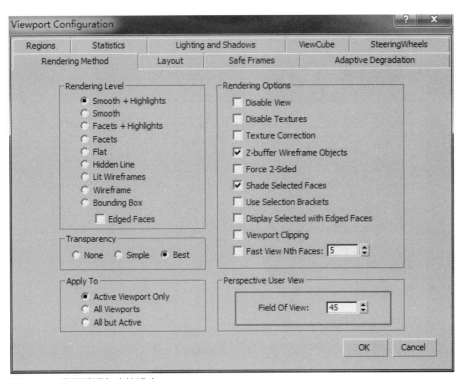

图3-14 视野透视角度的设定

3. 视图中右键菜单的操作

3ds Max的视图操作除了上面介绍的两个方面的基本操作，还有一个很重要的部分就是视图中右键菜单的操作。在3ds Max视图中任意位置用鼠标右键单击都会出现一个灰色的多命令菜单，这个菜单中的许多命令设置对于三维模型的制作都有重要的作用。这个菜单中的命令通常都是针对被选择的物体对象，如果场景中没有被选择的物体模型，那么这些命令将无法独立执行。这个菜单包括上下两大部分：display（显示）和transform（变形）。下面针对这两部分中重要的命令进行详细讲解。

在display菜单中最重要的就是"冻结"和"隐藏"这两组命令，这是游戏场景制作中经常使用的命令。所谓"冻结"，就是将3ds Max中的模型物体锁定为不可操作状态，被"冻结"后的模型物体仍然显示在视图窗口中，但无法对其执行任何命令和操作。Freeze Selection命令是指将被选择的模型物体进行"冻结"操作。Unfreeze All命令是指将所有被"冻结"的模型物体取消"冻结"状态。

通常被"冻结"的模型物体都会变为灰色并且会隐藏贴图显示，由于灰色与视图背景色相同，经常会造成制作上的不便。这里其实是可以设置的，在3ds Max右侧Display显示面板下Display Properties显示属性一栏中有一个选项Show Frozen in Gray，只需要取消选中这个复选框便会避免被"冻结"的模型物体变为灰色状态（见图3-15）。

图3-15　视图右键菜单与取消冻结灰色状态的设置

所谓"隐藏"就是让3ds Max中的模型物体在视图窗口处于暂时消失不可见的状态，"隐藏"不等于"删除"，被隐藏的模型物体只是处于不可见状态，但并没有根本上从场景文件中消失，在执行相关操作后可以取消其隐藏状态。隐藏命令在游戏场景制作中是最常用的命令之一，因为在复杂的三维模型场景文件当中，经常在制作某个模型时会被其他模型阻挡视线，尤其是包含众多模型物体的大型场景文件，而隐藏命令恰恰避免了这些问题，让模型制作变得更加方便。

Hide Selection是指将被选择的模型物体进行隐藏操作；Hide Unselected是指将被选择模型以外的所有模型物体进行隐藏操作；Unhide All是指将场景中的所有模型物体取消隐藏状态；Unhide by Name是指通过模型名称选择列表将模型物体取消隐藏状态。

这里还要介绍一个小技巧，在场景制作中如果有其他模型物体阻挡操作视线，除了刚刚介绍的隐藏命令，还有一种方法能避免此种情况：选中阻挡视线的模型物体，按快捷键Alt+X，被选中的模型就变为半透明状态，这样不仅不会影响模型的制作，还能观察到前后模型之间的关系（见图3-16）。

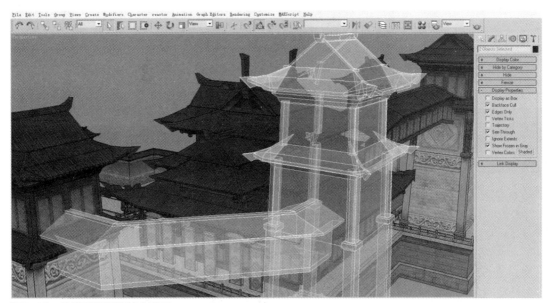

图3-16　将模型以透明状态显示

在transform菜单中除了包含移动、旋转、缩放、选择、克隆等基本的模型操作外，还包括物体属性、曲线编辑、动画编辑、关联设置、塌陷等一些高级命令设置。模型物体的移动、旋转、缩放、选择前面都已经讲解过，这里着重了解一下Clone（克隆）命令。所谓"克隆"，就是指将一个模型物体复制为多个个体的过程，快捷键为Ctrl+V。对被选择的模型物体执行Clone命令或者按Ctrl+V快捷键，即可将该模型进行原地克隆；而选择模型物体后按住Shift键并用鼠标移动、选择、缩放该模型，则是将该模型进行等单位的克隆操作，在拖动鼠标释放鼠标左键后会弹出设置窗口（见图3-17）。

图3-17　克隆设置窗口

克隆后的对象模型物体与被克隆模型物体之间存在三种关系：Copy（复制）、Instance（实例）和Reference（参考）。Copy是指克隆模型物体和被克隆模型物体间没有任何关联关系，改变其中任何一方对另一方都没有影响；Instance是指克隆操作后，改变克隆物体的设置参数，被克隆物体也随之改变，反之亦然；Reference是指克隆操作后，通过改变被克隆模型物体的设置参数可以影响克隆模型物体，反之则不成立。这三种关系是3ds Max中模型之间常见的基本关系，在很多命令设置或窗口中都经常能看到。在下方的Name文本框可以输入克隆的序列名称。图3-18场景中的大量帐篷模型都是通过克隆命令来实现的，这样可以节省大量的制作时间，提高工作效率。

图3-18 利用克隆命令制作的场景

3.2 3ds Max模型的创建与编辑

建模是3ds Max软件的基础和核心功能，三维制作的各种工作任务都是在所创建模型的基础上完成的，无论在传统还是VR制作领域，想要完成最终作品，首要解决的问题就是建模。三维游戏美术设计师每天最主要的工作内容就是与模型打交道，无论多么宏大壮观的场景，都是一砖一瓦从基础的模型搭建开始，所以，走向游戏美术师之路的第一步就是建模。3ds Max的建模技术博大精深、内容繁杂，这里我们没有必要面面俱到，而是有选择性地着重讲解与游戏制作相关的建模知识，从基本操作入手，循序渐进地学习三维游戏模型的制作。

3.2.1 几何体模型的创建

在3ds Max右侧的工具命令面板中，Create（创建）面板下第一项Geometry就是主要用来创建几何体模型的命令面板,其中下拉菜单第一项Standard Primitives用来创建基础几何体模型,表3-1中就是3ds Max所能创建的十种基础几何体模型(见图3-19)。

表3-1 3ds Max能创建的十种基础几何体

Box	立方体	Cone	圆锥体
Sphere	球体	Geosphere	三角面球体
Cylinder	圆柱体	Tube	管状体
Torus	圆环体	Pyramid	角锥体
Teapot	茶壶	Plane	平面

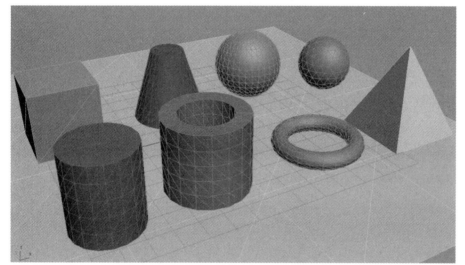

图3-19 3ds Max创建的基础几何体模型

鼠标单击选择想要创建的几何体,在视图中用鼠标拖曳就可以完成模型的创建,在拖曳过程中单击鼠标右键可以随时取消创建。创建完成后切换到工具命令面板的Modify(修改)面板,可以对创建出的几何体模型进行参数设置,包括长、宽、高、半径、角度、分段数等。在修改面板和创建面板中都能对几何体模型的名称进行修改,名称后面的色块用来设置几何体的边框颜色。

在Geometry面板下拉菜单中第二项是Extended Primitives,用来创建扩展几何体模型,扩展几何体模型的结构相对复杂,可调参数也更多(见图3-20)。其实大多数情况下扩展几何体模型使用的机会比较少,因为这些模型都可以通过基础几何体进行多边形编辑所得到。这里只介绍几种常用的扩展几何体模型:ChamferBox(倒角立方体)、ChamferCylinder(倒角圆柱体)、L-Ext和C-Ext,尤其是L-Ext和C-Ext对于场景建筑模型的墙体制作十分快捷方便,可以在短时间内创建出各种不同形态的墙体模型。

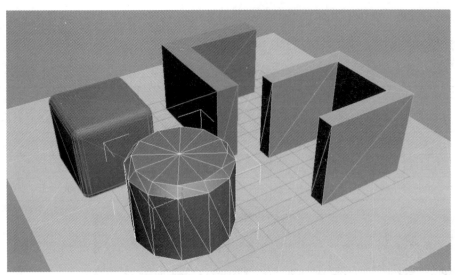

图3-20 常用的扩展几何体模型

另外,这里还要特别介绍一组模型,那就是Geometry面板下拉菜单中最后一项Stair(楼梯)。在Stair面板中能够创建四种不同形态类型的楼梯结构,分别为L Type Stair(L形楼梯)、Spiral Stair(螺旋楼梯)、Straight Stair(直楼梯)以及U Type Stair(U形楼梯),这些模型对于三维游戏场景中阶梯的制作能起到很大的作用(见图3-21)。

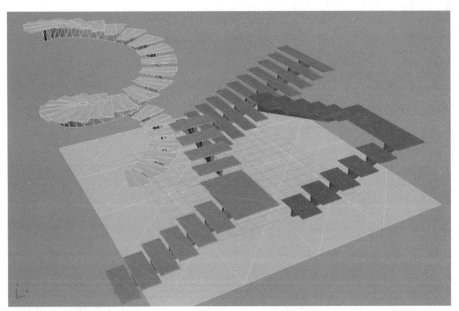

图3-21 各种楼梯模型结构

与几何体模型的创建相同,选择相应的楼梯类型,用鼠标在视图窗口中拖曳就可创建出楼梯模型,然后在修改面板中可以对其高矮、宽窄、楼梯步幅、楼梯阶数等参数进行详细设置和修改,这些参数设置只要经过简单尝试便可掌握。这里着重介绍一下楼梯参数中Type(类型）参数的设置。在Type列表框中有三种模式可以选择，分别为Open（开放式）、Closed（闭合式）和Box（盒式）。同一种楼梯结构模型通过不同类型的设置又可以变化为三种不同的形态，在游戏场景制作中最为常用的是Box类型，在这种模式下通过多边形编辑可以制作出游戏场景需要的各种基础阶梯结构（见图3-22）。

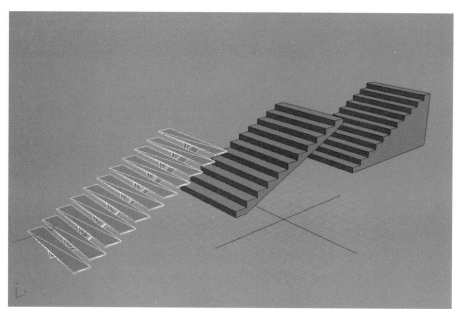

图3-22　Open、Closed和Box三种不同类型的楼梯结构模型

3.2.2　多边形模型的编辑

在3ds Max中创建基础几何体模型对于真正的模型制作来说仅仅是第一步，不同形态的基础几何体模型为模型制作提供了一个良好的基础，之后要通过模型的多边形编辑才能完成对模型最终的制作。在3ds Max 6.0以前的版本中，几何体模型的编辑主要是靠Edit Mesh（编辑网格）命令来完成的，在3ds Max 6.0之后的版本中，Autodesk公司研发出了更加强大的多边形编辑命令Edit Poly（编辑多边形），并在之后的软件版本中不断增强和完善该命令，到3ds Max 8.0版本时，Edit Poly命令已经十分完善。

Edit Mesh与Edit Poly这两个模型编辑命令不同之处在于，Edit Mesh编辑模型时是以三角面作为编辑基础，模型物体的所有编辑面最后都转化为三角面；而Edit Poly编辑多边形命令在处理几何模型物体时，编辑面是以四边形面作为编辑基础，最后也无法自动转化为三角面。在早期的电脑游戏制作过程中，大多数的游戏引擎技术支持的模型都为三角面模型，而随着技术的发展，Edit Mesh已经不能满足游戏三维制作中对于模型编辑的需要，之后逐渐被强大的Edit Poly编辑多边形命令所代替，而且Edit Poly模型物体还可以和Edit Mesh进行自由转换，以应对各种不同的需要。

对于模型物体转换为编辑多边形模式，可以通过以下三种方法：

（1）在视图窗口中对模型物体单击鼠标右键，在弹出的快捷菜单中选择Convert to Editable Poly（塌陷为可编辑的多边形）命令，即可将模型物体转换为Edit Poly。

（2）在3ds Max界面右侧修改面板的堆栈窗口中对需要的模型物体单击鼠标右键，在弹出的快捷菜单中同样选择Convert to Editable Poly命令，也可将模型物体转换为Edit Poly。

（3）在堆栈窗口中可以对想要编辑的模型直接执行Edit Poly命令，也可让模型物体进入多边形编辑模式，这种方式相对前面两种来说有所不同。对于执行Edit Poly命令后的模型在编辑的时候还可以返回上一级的模型参数设置界面，而上面两种方法则不可以，所以第三种方法相对来说更具灵活性。

在多边形编辑模式下共分为以下五个层级：Vertex（点）、Edge（线）、Border（边界）、Polygon（面）和Element（元素）。每个多边形从"点""线""面"到整体互相配合，共同围绕着为多边形编辑而服务，通过不同层级的操作最终完成模型整体的搭建制作。

在进入每个层级后，菜单窗口会出现不同层级的专属面板，同时所有层级还共享统一的多边形编辑面板。图3-23为编辑多边形的命令面板，包括以下几部分：Selection（选择）、Soft Selection（软选择）、Edit Geometry（编辑几何体）、Subdivision Surface（细分表面）、Subdivision Displacement（细分位移）和Paint Deformation（绘制变形）。下面我们针对每个层级详细讲解模型编辑中常用的命令。

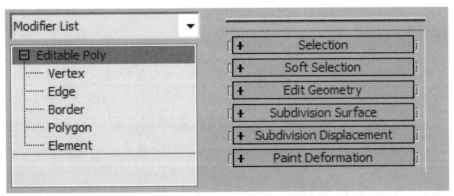

图3-23　多边形编辑中的层级和命令面板

1. Vertex点层级

点层级下的Selection（选择）面板中，有一个重要的选项Ignore Backfacing（忽略背面），当选中这个复选框，在视图中选择模型可编辑点的时候，将会忽略所有当前视图背面的点，此选项在其他层级中也同样适用。

Edit Vertices（编辑顶点）面板是点层级下独有的命令面板，其中大多数命令都是常用的多边形编辑命令（见图3-24）。

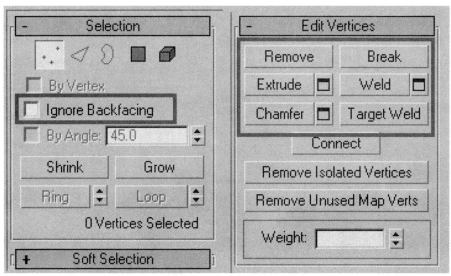

图3-24　Edit Vertices面板中的常用命令

　　Remove（移除）：当模型物体上有需要移除的顶点时，选中顶点执行此命令，Remove（移除）不等于Delete（删除），当移除顶点后该模型顶点周围的面还将存在，而删除命令则是将选中的顶点连同顶点周围的面一起删除。

　　Break（打散）：选中顶点执行此命令后该顶点会被打散为多个顶点，打散的顶点个数与打散前该顶点连接的边数有关。

　　Extrude（挤压）：挤压是多边形编辑中常用的编辑命令，而对于点层级的挤压简单来说就是将该顶点以突出的方式挤到模型以外。

　　Weld（焊接）：这个命令与打散命令刚好相反，是将不同的顶点结合在一起的操作，选中想要焊接的顶点，设定焊接的范围然后单击焊接命令，这样不同的顶点就被结合到了一起。

　　Chamfer（倒角）：对于顶点倒角来说就是将该顶点沿着相应的实线边以分散的方式形成新的多边形面的操作。挤压和倒角都是常用的多边形编辑命令，在多个层级下都包含这两个命令，但每个层级的操作效果不同，图3-25更加具象地表现了点层级下挤压、焊接和倒角命令的作用效果。

　　Target Weld（目标焊接）：此命令的操作方式是，首先单击此命令出现鼠标图形，然后依次用鼠标单击选择想要焊接的顶点，这样这两个顶点就被焊接到了一起。需要注意的是，焊接的顶点之间必须有边相连接，而对于类似四边形面对角线上的顶点是无法焊接到一起的。

　　Connect（连接）：选中两个没有边连接的顶点，单击此命令则会在两个顶点之间形成新的实线边。在挤压、焊接、倒角命令后面都有一个方块按钮，这表示该命令存在子级菜单，可以对相应的参数进行设置，选中需要操作的顶点后单击此方块按钮，就可以通过参数设置的方式对相应的顶点进行设置。

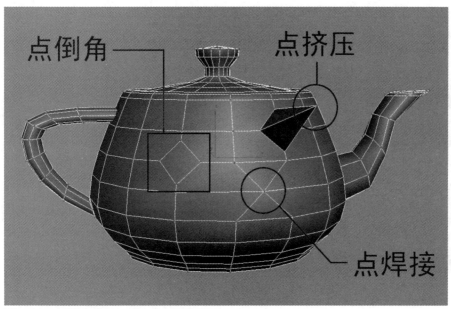

图3-25　点层级下挤压、倒角和焊接的效果

2. Edge边层级

在Edit Edges（编辑边）层级面板（见图3-26）中，常用的命令主要有以下几个。

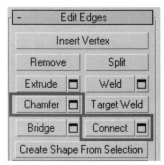

图3-26　Edit Edges层级面板

　　Remove（移除）：将被选中的边从模型物体上移除的操作，与前面讲过的相同，移除并不会将边周围的面删除。

　　Extrude（挤压）：在边层级下挤压命令操作效果几乎等同于点层级下的挤压命令。

　　Chamfer（倒角）：对于边的倒角来说，就是将选中的边沿相应的线面扩散为多条平行边的操作，线边的倒角才是我们通常意义上的多边形倒角，通过边的倒角可以让模型物体面与面之间形成圆滑的转折关系。

　　Connect（连接）：对于边的连接来说，就是在选中边线之间形成多条平行的边线，边层级下的倒角和连接命令也是多边形模型物体常用的布线命令之一。图3-27中更加具象地表现了边层级下挤压、倒角和连接命令的具体操作效果。

Insert Vertex（插入顶点）：在边层级下可以通过此命令在任意模型物体的实线边上添加插入一个顶点，这个命令与之后要讲的共用编辑菜单下的Cut（切割）命令一样，都是多边形模型物体加点添线的重要手段。

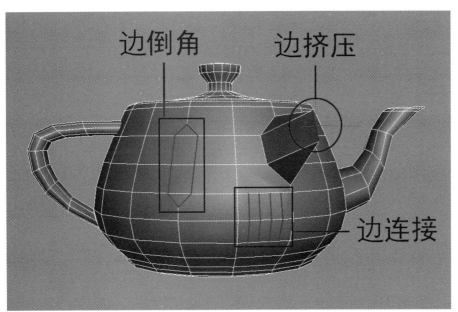

图3-27　边层级下挤压、倒角和连接的效果

3. Border边界层级

所谓的模型Border主要是指在可编辑的多边形模型物体中那些没有完全处于多边形面之间的实线边。通常来说，Edit Borders层级菜单较少应用，菜单里面只有一个命令需要讲解，那就是Cap（封盖）命令。这个命令主要用于给模型中的Border封闭加面，通常在执行此命令后还要对新加的模型面进行重新布线和编辑（见图3-28）。

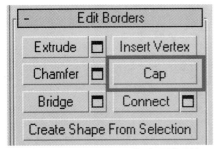

图3-28　Edit Borders 面板中最常用的Cap命令

4. Polygon多边形面层级

Edit Polygons层级面板中大多数命令也是多边形模型编辑中最常用的编辑命令（见图3-29）。

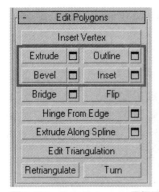

图3-29 Edit Polygons层级面板

Extrude（挤压）：多边形面层级的挤压就是将面沿一定方向挤出的操作，单击后面的方块按钮，在弹出的下拉菜单中可以设定挤出的方向，分为三种类型：Group——整体挤出；Local Normal——沿自身法线方向整体挤出；By Polygon——按照不同的多边形面分别挤出。这三种操作方法在3ds Max的很多操作中都能经常看到。

Outline（轮廓）：是指将选中的多边形面沿着它所在的平面扩展或收缩的操作。

Bevel（倒角）：这个命令是多边形面的倒角命令，具体是将多边形面挤出再进行缩放操作，后面的方块按钮可以设置具体挤出的操作类型和缩放操作的参数。

Inset（插入）：将选中的多边形面按照所在平面向内收缩产生一个新的多边形面的操作，后面的方块按钮可以设定插入操作的方式是整体插入还是分别按多边形面插入，通常插入命令要配合挤压和倒角命令一起使用。图3-30更加直观地表现了多边形面层级中挤压、轮廓、倒角和插入命令的效果。

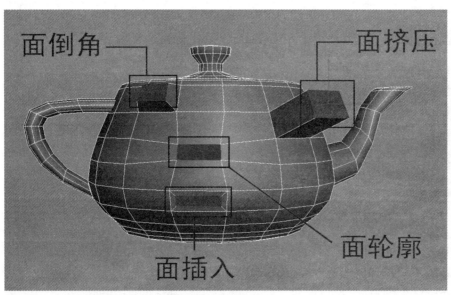

图3-30 面层级下挤压、轮廓、倒角和插入的效果

Flip（翻转）：将选中的多边形面进行翻转法线的操作。在3ds Max中法线是指物体在视图窗口中可见性的方向指示，物体法线朝向我们代表该物体在视图中为可见，相反则为不可见。

另外，这个层级菜单中还需要介绍的是Turn（反转）命令，这个命令不同于刚才介绍的Flip命令。虽然在多边形编辑模式中是以四边面作为编辑基础，但其实每一个四边面仍然是由两个三角面所组成，但划分三角面的边是作为虚线边隐藏存在的，当我们调整顶点时这条虚线边也恰恰作为隐藏的转折边。当用鼠标单击Turn命令时，所有隐藏的虚线边都会显示出来，然后用鼠标单击虚线边就会使之反转方向，对于有些模型物体特别是游戏场景中的低精度模型来说，Turn命令也是常用的命令之一。

在多边形面层级下还有一个十分重要的命令面板——Polygon Properties（多边形属性）面板，这也是多边形面层级下独有的设置面板，主要用来设定每个多边形面的材质序号和光滑组序号（见图3-31）。其中，Set ID用来设置当前选择多边形面的材质序号；Select ID是通过选择材质序号来选择该序号材质所对应的多边形面；Smoothing Groups面板中的数字方块按钮用来设定当前选择多边形面的光滑组序号（见图3-32）。

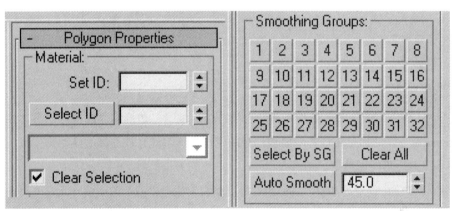

图3-31　Polygon Properties面板

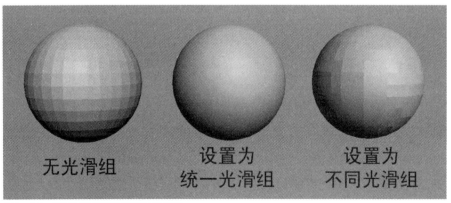

图3-32　模型光滑组的不同设置效果

编辑多边形第五个层级面板为Element（元素）层级，这个层级主要用来整体选取被编辑的多边形模型物体，此层级面板中的命令在游戏场景模型制作中较少用到，所以这里不做详细讲解。

以上就是多边形编辑模式下所有层级独立面板的详细讲解，下面来介绍以上所有层级都共用的Edit Geometry（编辑几何体）面板（见图3-33）。这个命令面板看似复杂，但其实在游戏场景模型制作中常用的命令并不是很多，下面讲解一下编辑几何体面板中常用的命令。

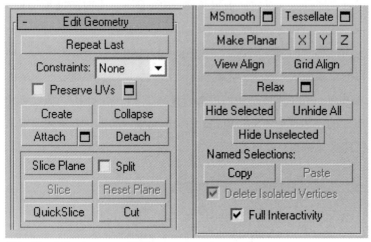

图3-33　Edit Geometry面板

Attach（结合）：将不同的多边形模型物体结合为一个可编辑多边形物体的操作，具体操作为：先单击Attach命令，然后单击选择需要被结合的模型物体，这样被选择的模型物体就被结合到之前的可编辑多边形的模型下。

Detach（分离）：与Attach恰好相反，Detach是将可编辑多边形模型下的面或者元素分离成独立模型物体的操作，具体操作方法为：进入编辑多边形的面或者元素层级下，选择想要分离的面或元素，然后鼠标单击Detach命令会弹出一个命令窗口，选中Detach to Element复选框，是将被选择的面分离成为当前可编辑多边形模型物体的元素，而Detach as Clone复选框，是将被选择的面或元素克隆分离为独立的模型物体（被选择的面或元素保持不变），如果什么复选框都不选中，则将被选择的面或元素直接分离为独立的模型物体（被选择的面或元素将从原模型上删除）。

Cut（切割）：是指在可编辑的多边形模型物体上直接切割绘制新的实线边的操作，这是模型重新布线编辑的重要操作手段。

Make Planar X/Y/Z：在可编辑多边形的点、线、面层级下通过单击这个命令，可以实现模型被选中的点、线、面在X、Y、Z三个不同轴向上的对齐。

Hide Selected（隐藏被选择）、Unhide All（显示所有）、Hide Unselected（隐藏被选择以外）这三个命令同之前视图窗口右键菜单中的命令完全一样，只不过这里是用来隐藏或显示不同层级下的点、线、面的操作。对于包含众多点、线、面的复杂模型物体，有时往往需要用隐藏和显示命令让模型制作更加方便快捷。

最后介绍一下模型制作中即时查看模型面数的方法和技巧，一共有两种方法。第一种方法可以利用Polygon Count（多边形统计）工具来进行查看，在3ds Max命令面板最后一项的工具面板中可以通过Configure Button Sets（快捷工具按钮设定）来找到Polygon Count工具。Polygon Count是一个非常好用的多边形面数计数工具，其中 Selected Objects显示当前所选择的多边形面数，All Objects显示场景文件中所有模型的多边形面数。下面的Count Triangles和Count Polygons用来切换显示多边形的三角面和四边面。另一种方法，我们可以在当前激活的视图中启动Statistics计数统计工具，快捷键为7（见图3-34）。Statistics可以即时对场景中模型的点、线、面进行计数统计，但这种即时运算统计非常消耗硬件，所以通常不建议在视图中一直处于开启状态。

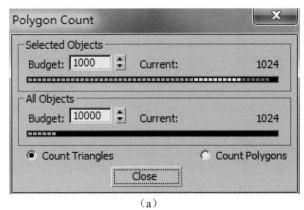
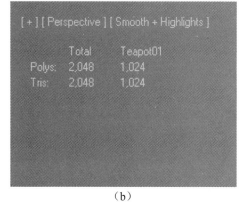

（a）　　　　　　　　　　　　　　　　（b）

图3-34　两种统计模型面数的方法

三维游戏的最大特点就是真实性，所谓的真实性，就是指在游戏中玩家可以从各个角度去观察游戏场景中的模型和各种美术元素。三维引擎为我们营造了一个360°的真实感官世界，在模型制作的过程中，我们要时刻记住这个概念，保证模型各个角度都具备模型结构和贴图细节的完整度，在制作中要通过视图多方位旋转观察模型，避免漏洞和错误的产生。

另外，在游戏模型制作初期最容易出现的问题就是模型中会存在大量"废面"，要善于利用多边形计数工具，及时查看模型的面数，随时提醒自己不断修改和整理模型，保证模型面数的精简。对于游戏中玩家视角以外的模型面，尤其是模型底部或者紧贴在一起的内侧的模型面都可以进行删除。

除了模型面数的简化外，在多边形模型的编辑和制作时还要注意避免产生四边形以上的模型面，尤其是在切割和添加边线的时候，要及时利用Connect命令连接顶点。对于游戏模型来说，自身的多边形面可以是三角面或者四边面，但如果出现四边以上的多边形面，在后导入游戏引擎后会出现模型的错误问题，所以要极力避免这种情况的发生。

3.3 三维模型贴图的制作

3.3.1 3ds Max UVW贴图坐标技术

在3ds Max中默认状态下的模型物体，想要正确显示贴图材质，必须先对其"贴图坐标（UVW Coordinates）"进行设置。所谓的"贴图坐标"就是模型物体确定自身贴图位置关系的一种参数，通过正确的设定使模型和贴图之间建立相应的关联关系，保证贴图材质正确地投射到模型物体表面。

模型在3ds Max中的三维坐标用X、Y、Z来表示，而贴图坐标则使用U、V、W与其对应，如果把位图的垂直方向设定为V、水平方向设定为U，那么它的贴图像素坐标就可以用U和V来确定在模型物体表面的位置。在3ds Max的创建面板中建立基本几何体模型，在创建的时候系统会为其自动生成相应的贴图坐标关系。例如当我们创建一个BOX模型并为其添加一张位图的时候，它的六个面会自动显示出这张位图。但对于一些模型尤其是利用Edit Poly编辑制作的多边形模型，自身不具备正确的贴图坐标参数，这就需要我们为其设置和修改UVW贴图坐标。

关于模型贴图坐标的设置和修改，通常会用到两个关键的命令：UVW Map和Unwrap UVW，这两个命令都可以在堆栈命令下拉列表里找到。这个看似简单的功能需要我们花费相当多的时间和精力，并且需要在平时的实际制作中不断总结归纳经验和技巧。下面我们来详细学习UVW Map和Unwrap UVW这两个修改器的具体参数设置和操作方法。

UVW Map修改器的界面基本参数设置包括Mapping（投影方式）、Channel（通道）、Alignment（调整）和Display（显示）四部分，其中比较常用的是Mapping和Alignment。在堆栈窗口中添加UVW Map修改器后，可以用鼠标单击前面的"+"展开Gizmo分支，进入Gizmo层级后可以对其进行移动、旋转、缩放等调整，对Gizmo线框的编辑操作同样会影响模型贴图坐标的位置关系和贴图的投射方式。

在Mapping面板中包含了贴图对于模型物体的七种投射方式和相关参数设置（见图3-35），这七种投影类型分别是Planar（平面贴图）、Cylindrical（圆柱贴图）、Spherical（球面贴图）、Shrink Wrap（收缩包裹贴图）、Box（立方体贴图）、Face（面贴图）以及XYZ to UVW。下面的参数用于调节Gizmo的尺寸和贴图的平铺次数，在实际制作中并不常用。这里需要掌握的是能够根据不同形态的模型物体选择出合适的贴图投射方式，以方便之后展开贴图坐标的操作。下面针对每种投影方式来了解其原理和具体应用方法。

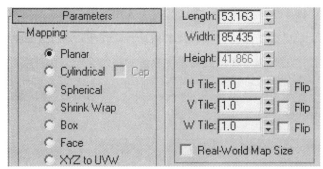

图3-35　Mapping面板中的七种投影方式

　　Planar（平面贴图）：将贴图以平面的方式映射到模型物体表面，它的投影平面就是Gizmo的平面，所以通过调整Gizmo平面就能确定贴图在模型上的贴图坐标位置。平面映射适用于纵向位移较小的平面模型物体，在游戏场景制作中这是最常用的贴图投影方式，一般是在可编辑多边形的面层级下选择想要贴图的表面，然后添加UVW Mapping修改器选择平面投影方式，并在Unwrap UVW修改器中调整贴图位置。

　　Cylindrical（圆柱贴图）：将贴图沿着圆柱体侧面映射到模型物体表面，它将贴图沿着圆柱的四周进行包裹，最终圆柱立面左侧边界和右侧边界相交在一起。相交的这个贴图接缝也是可以控制的，单击进入Gizmo层级可以看到Gizmo线框上有一条绿线，这就是控制贴图接缝的标记，通过旋转Gizmo线框可以控制接缝在模型上的位置。Cylindrical后面有一个Cap选项，如果激活，则圆柱的顶面和底面将分别使用Planar的投影方式。在游戏场景制作中，大多数建筑模型的柱子或者类似的柱形结构的贴图坐标方式都是用Cylindrical来实现的。

　　Spherical（球面贴图）：将贴图沿球体内表面映射到模型物体表面，其实球面贴图与柱形贴图类型相似，贴图的左端和右端同样在模型物体表面形成一个接缝，同时贴图的上下边界分别在球体两极收缩成两个点，与地球仪十分相似。为角色脸部模型贴图时，通常使用球面贴图（见图3-36）。

图3-36　Planar、Cylindrical和Spherical贴图方式

　　Shrink Wrap（收缩包裹贴图）：将贴图包裹在模型物体表面，并且将所有的角拉到一个点上，这是唯一一种不会产生贴图接缝的投影类型，但正因为这样，模型表面的大部分贴图会产

生比较严重的拉伸和变形（见图3-37）。由于这种局限性，多数情况下使用它的物体只能显示贴图形变较小的那部分，而"极点"那一端必须被隐藏起来。在游戏场景制作中，包裹贴图有时还是相当有用的，例如制作石头这类模型的时候，使用其他贴图投影类型都会产生接缝或者一个以上的极点，而使用收缩包裹投影类型就完全解决了这个问题，即使存在一个相交的"极点"，只要把它隐藏在石头的底部就可以了。

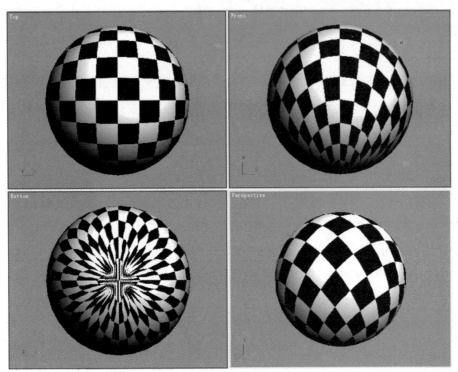

图3-37　Shrink Wrap贴图方式

　　Box（立方体贴图）：按六个垂直空间平面将贴图分别映射到模型物体表面。对于规则的几何模型物体，这种贴图投影类型会十分方便快捷，比如制作场景模型中的墙面、方形柱子或者类似的盒式结构的模型。

　　Face（面贴图）：为模型物体的所有几何面同时应用平面贴图。这种贴图投影方式与材质编辑器Shader Basic Parameters参数中的Face Map作用相同（见图3-38）。

　　XYZ to UVW这种贴图投影方式在游戏场景制作中较少使用，所以在这里不做过多讲解。

　　Alignment（调整）工具面板中提供了八个工具，用来调整贴图在模型物体上的位置关系，正确合理地使用这些工具在实际制作中往往能起到事半功倍的作用（见图3-39）。面板顶部的X、Y、Z用于控制Gizmo的方向，这里的"方向"是指物体的自身坐标方向，也就是Local Coordinate System（自身坐标系统）模式下物体的坐标方向，通过X、Y、Z之间的切换能够快速改变贴图的投射方向。

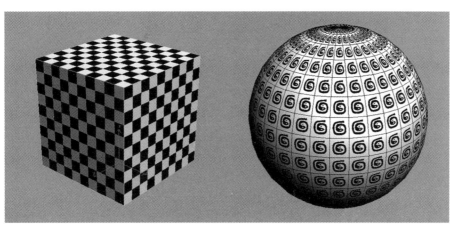

图3-38　Box和Face贴图方式

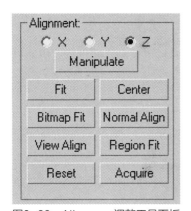

图3-39　Alignment调整工具面板

　　Fit（适配）：自动调整Gizmo的大小，使其尺寸与模型物体相匹配。

　　Center（置中）：将Gizmo的位置对齐到模型物体的中心。这里的"中心"是指模型物体的几何中心，而不是它的Pivot（轴心）。

　　Bitmap Fit（位图适配）：将Gizmo的长宽比例调整为指定位图的长宽比例。使用Planar投影类型的时候，经常碰到位图没有按照原始比例显示的情况，如果靠调节Gizmo的尺寸则比较麻烦，这时可以使用这个工具，只要选中已使用的位图，Gizmo就自动改变其长宽比例与其匹配。

　　Normal Align（法线对齐）：将Gizmo与指定面的法线垂直，也就是与指定面平行。

　　View Align（视图对齐）：将Gizmo平面与当前的视图平行对齐。

　　Region Fit（范围适配）：在视图上拉出一个范围来确定贴图坐标。

　　Reset（复位）：恢复贴图坐标的初始设置。

　　Acquire（获取）：将其他物体的贴图坐标设置引入当前模型物体中。

　　在了解了UVW贴图坐标的相关知识后，我们可以用UVW Map修改器来为模型物体指定基本的贴图映射方式，这对于模型的贴图工作来说还只是第一步。UVW Map修改器定义的贴图投射方式只能从整体上为模型赋予贴图坐标，对于更加精确的贴图坐标的修改却无能为力，要想解决这个问题必须通过Unwrap UVW展开贴图坐标修改器来实现。

  Unwrap UVW修改器是3ds Max中内置的一个功能强大的模型贴图坐标编辑系统，通过它可以更加精确地编辑多边形模型点、线、面的贴图坐标分布，尤其是对于生物体模型和场景雕塑模型等结构较为复杂的多边形模型，必须用Unwrap UVW修改器。

  在3ds Max修改面板的堆栈菜单列表中可以找到Unwrap UVW修改器，Unwrap UVW修改器的参数窗口主要包括Selection Parameters（选择参数）、Parameters（参数）和Map Parameters（贴图参数）三部分，在Parameters面板下还包括一个Edit UVWs编辑器。总的来看，Unwrap UVW修改器十分复杂，包含众多的命令和编辑面板，对于初学者上手操作有一定的困难。其实对于三维游戏制作来说，只需要掌握修改器中一些重要的命令参数即可，不需要做到全盘精通。

  Parameters（参数）面板最主要的是用来打开UV编辑器，同时还可以对已经设置完成的模型UV进行存储（见图3-40）。

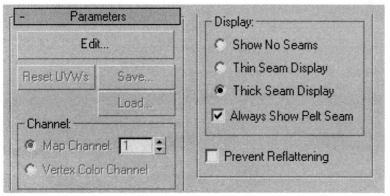

图3-40　Parameters（参数）面板

  Edit（编辑）：用来打开Edit UVWs编辑窗口，对于其具体参数设置下面将会讲到。

  Reset UVWs（重置UVW）：放弃已经编辑好的UVW，使其回到初始状态，这也意味着之前的全部操作都将丢失，所以一般不使用这个按钮。

  Save（保存）：将当前编辑的UVW保存为.UVW格式的文件，对于复制的模型物体可以通过载入文件来直接完成UVW的编辑。其实在游戏场景的制作中，我们通常会选择另外一种方式来操作，单击模型堆栈窗口中的Unwrap UVW修改器，然后按住鼠标左键直接拖曳这个修改器到视图窗口中复制出的模型物体上，释放鼠标左键即可完成操作，这种拖曳修改器的操作方式在其他很多地方也会用到。

  Load（载入）：载入.UVW格式的文件，如果两个模型物体不同，则此命令无效。

Channel（通道）：包括Map Channel（贴图通道）与Vertex Color Channel（顶点色通道）两个选项，在游戏场景制作中并不常用。

Display（显示）：使用Unwrap UVW修改器后，模型物体的贴图坐标表面会出现一条绿线，它就是展开贴图坐标的缝合线，这里的选项就是用来设置缝合线的显示方式，从上到下依次为：不显示缝合线、显示较细的缝合线、显示较粗的缝合线、始终显示缝合线。

Map Parameters（贴图参数）面板看似十分复杂，但其实常用的命令并不多（见图3-41）。在面板上半部分的按钮中包括五种贴图映射方式和七种贴图坐标对齐方式，由于这些命令操作大多在UVW Map修改器中都可以完成，所以这里较少用到。

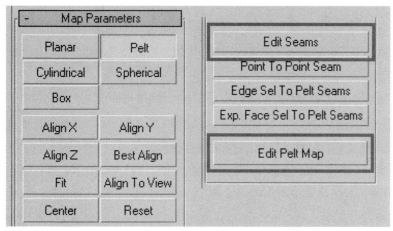

图3-41　Map Parameters（贴图参数）面板

这里需要着重讲解的是Pelt（剥皮）工具，这个工具常用在游戏场景雕塑模型和生物模型的制作中。Pelt的含义就是指把模型物体的表面剥开，并将其贴图坐标平展的一种贴图映射方式，这是UVW Map修改器中所没有的一种贴图映射方式，较其他的贴图映射方式相对复杂，适合应用于结构更复杂的模型物体，下面来具体讲解操作流程。

总体来说，Pelt平展贴图坐标的流程分为三大步：（1）重新定义编辑缝合线；（2）选择想要编辑的模型物体或者模型面，单击Pelt按钮，选择合适的平展对齐方式；（3）单击Edit Pelt Map按钮，对选择对象进行平展操作。

图3-42中的模型为一个场景石柱模型，模型上的绿线为原始的缝合线，第一步要进入Unwrap UVW修改器的Edge层级，单击Map Parameters面板中的Edit Seams按钮就可以对模型重新定义缝合线。在Edit Seams按钮激活状态下，单击模型物体上的边线就会使之变为蓝色，蓝色的线就是新的缝合线路经，按住Ctrl键再单击边线就会取消蓝色缝合线。我们在定义编辑新的缝合线的时候，通常会在Parameters设置中选择隐藏绿色缝合线，重新定义编辑好的缝合线见图3-42中间模型的蓝线。

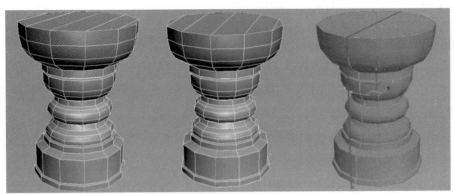

图3-42　重新定义缝合线并选择展开平面

　　第二步要进入Unwrap UVW修改器的Face层级，选择想要平展的模型物体或者模型面，然后单击Pelt按钮，会出现类似于UVW Map修改器中的Gizmo平面，这时选择Map Parameters面板中合适的展开对齐方式，见图3-42右侧所示。

　　第三步单击Edit Pelt Map按钮，会弹出Edit UVWs窗口，从模型UV坐标每一个点上都会引申出一条虚线，对于这里密密麻麻的各种点和线不需要精确调整，只需要遵循一条原则：尽可能地让这些虚线不相互交叉，这样操作会让之后的UV平展更加便捷。

　　单击Edit Pelt Map按钮后，同时会弹出平展操作的命令窗口，这个命令窗口中包含许多工具和命令，但对于平时一般制作来说很少用到，只需要单击右下角的Simulate Pelt Pulling（模拟拉皮）按钮就可以继续下一步的平展操作。接下来整个模型的贴图坐标将会按照一定的力度和方向进行平展操作，具体原理就是相当于模型的每一个UV顶点，将沿着引申出来的虚线方向进行均匀的拉伸，形成贴图坐标分布网格（见图3-43）。

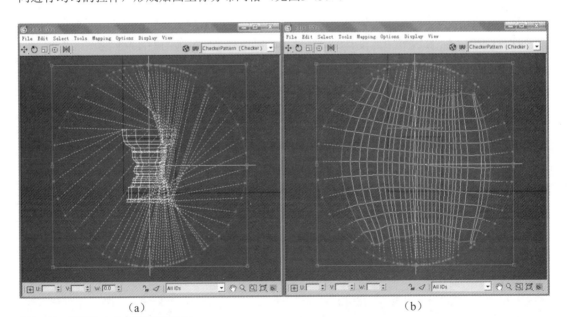

(a)　　　　　　　　　　　　　　　　(b)

图3-43　利用Pelt命令平展模型UV

之后我们需要对UV网格进行顶点的调整和编辑，编辑的原则就是让网格尽量均匀地分布，这样最后当贴图添加到模型物体表面时才不会出现较大的拉伸和撕裂现象。我们可以单击UV编辑器视图窗口上方的棋盘格显示按钮来查看模型UV的分布状况，当黑白色方格在模型表面均匀分布而没有较大变形和拉伸的状态，就说明模型的UV是均匀分布的（见图3-44）。

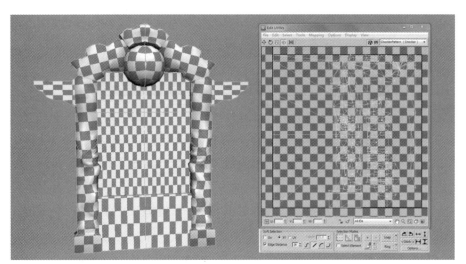

图3-44　利用黑白棋盘格来查看UV分布

3.3.2　模型贴图的制作

对于三维游戏美术师来说，仅利用3ds Max完成模型的制作是远远不够的，三维模型的制作只是开始，是之后工作流程的基础。如果把三维制作比喻为绘画的话，那么模型的制作只相当于绘画的初步线稿，后面还要为作品添加颜色，而在三维设计制作过程中上色的部分就是UV、材质及贴图的工作。

在三维游戏制作中，贴图比模型显得更加重要，由于游戏引擎显示及硬件负载的限制，三维游戏场景模型对于模型面数的要求十分严格，模型在不能增加面数的前提下还要尽可能地展现物体的结构和细节，这就必须依靠贴图来表现。如何用少量的贴图去完成大面积模型的整体贴图工作，就需要三维游戏美术师来把握和控制，这种能力也是三维游戏美术师必须具备的职业水平。

现在大多数游戏公司尤其是三维网络游戏制作公司，最常用的模型贴图格式为.DDS格式，这种格式的贴图在游戏中可以随着玩家操控角色与其他模型物体间的距离来改变贴图自身尺寸，在保证视觉效果的同时节省了大量资源。当场景中的模型距离玩家越近，自身显示的贴图尺寸会越大；相反，越远则越小。其原理就是这种贴图在绘制完成后，在最后保存时会自动储存为若干小尺寸的贴图（见图3-45）。

图3-45　DDS贴图的储存方式

在三维游戏制作中，贴图的尺寸通常为8×8、16×16、32×32、64×64、128×128、512×512、1024×1024等像素尺寸，一般来说常用的贴图尺寸是512×512和1024×1024，可能在一些次世代游戏中还会用到2048×2048的超大像素尺寸贴图。有时候为了压缩图片尺寸、节省资源，贴图尺寸不一定是等边的，竖长方形和横长方形也是可以的，如128×512、1024×512像素尺寸等。

三维游戏的制作其实可以概括为一个"收缩"的过程，考虑到引擎能力、硬件负荷、网络带宽等因素，都不得不迫使三维游戏美术师在游戏制作中尽可能地节省资源。游戏模型不仅要制作成低模，而且在最后导入游戏引擎前还要进一步删减模型面数。游戏贴图也是如此，作为三维游戏美术师要尽一切可能让贴图尺寸降到最小，把贴图中的所有元素尽可能地堆积到一起，还要尽量减少模型应用的贴图数量（见图3-46）。总之，在导入引擎前，所有美术元素都要尽可能地精练，这就是"收缩"的概念。虽然现在的游戏引擎技术飞速发展，对于资源的限制逐渐放宽，但节约资源的理念应该是每一位三维游戏美术师所奉行的基本原则。

图3-46　"收缩"之后的贴图

对于要导入游戏引擎的模型，其命名都必须用英文，不能出现中文字符。在实际游戏项目制作中，模型的名称要与对应的材质球和贴图命名统一，以便于查找和管理。模型的命名通常包括前缀、名称和后缀三部分，例如建筑模型可以命名为JZ_Starfloor_01，不同模型之间不能出现重名。

与模型命名一样，材质和贴图的命名同样不能出现中文字符。模型、材质与贴图的名称要统一，不同贴图不能出现重名现象。贴图的命名同样包含前缀、名称和后缀，例如jz_Stone01_D。在实际游戏项目制作中，不同的后缀名代指不同的贴图类型，通常来说_D表示Diffuse贴图，_B表示凹凸贴图，_N表示法线贴图，_S代表高光贴图，_AL表示带有Alpha通道的贴图。不同的游戏引擎和不同的游戏制作公司，在贴图格式和命名上都有各自的具体要求，这里就不一一具体介绍了。如果是在日常的练习或个人作品中，其实贴图格式储存为TGA或者JPG就可以了，下面来介绍几种常用的贴图形式。

通常三维游戏模型常见的贴图形式有两种：拼接贴图和循环贴图。拼接贴图是指在模型制作完成后将模型的全部UV平展到一张或多张贴图上，拼接贴图多用来制作游戏角色模型、雕塑模型、场景道具模型等，图3-46就属于拼接贴图。一般来说，拼接贴图用1024×1024像素尺寸的贴图就足够，但对于体积庞大、细节过于复杂的模型，也可以将模型拆分为不同部分并将UV平展到多张贴图上。

在游戏场景制作中，尤其是建筑模型中，更多是利用循环贴图。循环贴图不需要将模型UV平展后再绘制贴图，可以在模型制作时同步绘制贴图，然后用模型中的不同面的UV坐标去对应贴图中的元素。相对于拼接贴图，循环贴图更加不受限制，可以重复利用贴图中的元素，对于建筑墙体、地面等结构简单的模型具有更大优势（见图3-47）。循环贴图的知识在前面章节中已经讲过，这里不再过多涉及。

图3-47　场景建筑墙面模型循环贴图

接下来再谈一下游戏贴图的风格，一般来说，游戏贴图风格主要分为写实风格和手绘风格，写实风格的贴图一般都是用真实的照片来进行修改，而手绘风格的贴图主要是靠制作者的美术功底来进行手绘。其实贴图的美术风格并没有十分严格的界定，只能看是侧重于哪一方面，是偏写实还是偏手绘。写实风格主要用于真实背景的游戏当中，手绘风格主要用在Q版卡通游戏中，当然一些游戏为了标榜独特的视觉效果，也采用偏写实的手绘贴图。贴图的风格并不能真正决定一款游戏的好坏，重要的还是制作的质量，这里只是简单介绍，让大家了解不同贴图所塑造的美术风格。

图3-48左侧是手绘风格的游戏贴图，其中墙面、木门以及各种纹饰等全部由手绘完成，整体风格偏卡通，适合用于Q版游戏。手绘贴图的优点是：整体都是用颜色绘制，色块面积比较大，而且过渡柔和，在贴图放大后不会出现明显的贴图拉伸和变形痕迹。图3-48右侧为写实风格的贴图，图片中大多数元素的素材都是取自真实照片，通过Photoshop的修改编辑形成了符合游戏中使用的贴图，这张贴图同时也是一张二方连续贴图。写实贴图的细节效果和真实感比较强，但如果模型UV处理不当会造成比较严重拉伸和变形。

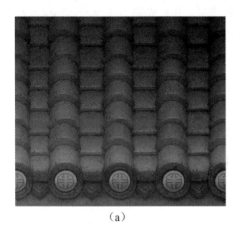
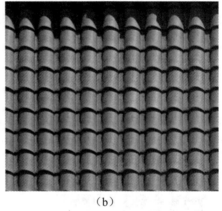

（a） （b）

图3-48 手绘贴图与写实贴图

下面我们通过一张石砖贴图的制作实例来学习游戏模型贴图的基本绘制流程和方法。首先，在Photoshop中创建一个新的图层，根据模型UV网格绘制出石砖的基本底色，留出石砖之间的黑色缝隙。接下来开始绘制每一块石砖边缘的明暗关系，相对于石砖本身，边缘转折处应该有明暗的变化（见图3-49）。

现在的石砖边缘稍显生硬，需要绘制石砖边缘向内的过渡，让石砖边缘呈现凹凸的自然石质倒角效果，然后在每一块石砖内部开始绘制裂纹，制作出天然的沧桑和旧化感觉（见图3-50）。

继续绘制裂纹的细节，利用明暗关系的转折让裂纹更加自然真实。接下来选用一些肌理丰富的照片材质进行底纹叠加，可以叠加多张不同材质的贴图，图层的叠加方式可以选择Overlay、Multiply或者Softlight，强度可以通过图层透明度来控制。通过叠加纹理来增强贴图的真实感和细节，这样制作出来的就是偏写实风格的贴图（见图3-51）。

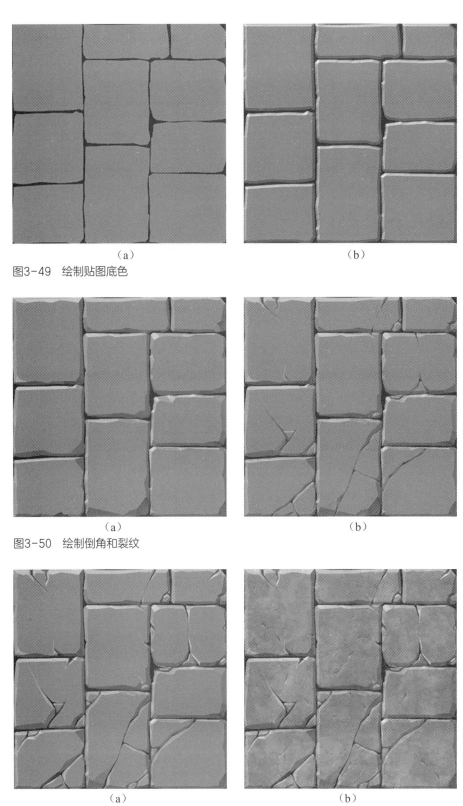

(a) (b)

图3-49 绘制贴图底色

(a) (b)

图3-50 绘制倒角和裂纹

(a) (b)

图3-51 绘制裂纹细节和叠加贴图

以上所有步骤都是利用黑、白、灰色调对贴图进行绘制，最后，给贴图整体叠加一个主色调，并对石砖边缘的色彩进行微调，使之具有色彩变化，更具自然感（见图3-52）。

（a）

（b）

图3-52　添加色彩

制作完成的贴图要通过材质编辑器添加到材质球上，然后才能赋予模型。在3ds Max的工具按钮栏单击材质编辑器按钮或者按键盘上的M键，可以打开Material Editor（材质编辑器）。材质编辑器的内容复杂并且功能强大，然而对于游戏制作来说这里应用的部分却十分简单，因为游戏当中的模型材质效果都是通过游戏引擎中的设置来实现的，材质编辑器里的参数设定并不能影响游戏实际场景中模型的材质效果。在三维模型制作时，我们仅仅利用材质编辑器将贴图添加到材质球贴图通道上。普通的模型贴图只需要在Maps（贴图）面板的Diffuse Color（固有色）通道中添加一张位图（Bitmap）即可，如果游戏引擎支持高光和法线贴图（Normal Map），那么可以在Specular Level（高光级别）和Bump（凹凸）通道中添加高光和法线贴图（见图3-53）。

图3-53　常用的材质球贴图通道

此外，在游戏模型贴图还有一种特殊的类型就是透明贴图，所谓透明贴图就是带有不透明通道的贴图，也称为Alpha贴图。例如游戏制作中植物模型的叶片、建筑模型中的栏杆等复杂结构以及生物模型的毛发等都必须用透明贴图来实现。图3-54左侧就是透明贴图,右侧就是它的不透明通道,在不透明通道中白色部分为可见,黑色部分为不可见,这样最后在游戏场景中就实现了带有镂空效果的树叶。

图3-54　Alpha贴图效果

通常在实际制作中,我们会在Photoshop中将图片的不透明通道直接作为Alpha通道保存到图片中,然后将贴图添加到材质球的Diffuse Color和Opacity(透明度)通道中。要注意只将贴图添加到Opacity通道还不能实现镂空的效果,必须进入此通道下的贴图层级,将Mono Channel Output(通道输出)设定为Alpha模式,这样贴图在导入游戏引擎后就会实现镂空效果。

最后再来为大家介绍一下3ds Max中关于贴图方面的常用工具以及实际操作中常见的问题和解决技巧。在3ds Max命令面板的最后一项工具面板中,在工具列表中可以找到Bitmap/Photometric Paths(贴图路径)工具,这个工具可以方便我们在游戏制作中快速指定材质球所包含的所有贴图路径。

在项目制作过程中,我们会经常接收到从别的制作人员的电脑中传输过来的游戏场景制作文件,或者是从公司服务器中下载的文件。当我们在自己的电脑上打开这些文件的时候,有时会发现模型的贴图不能正常显示,其实大多数情况下并不是贴图本身的问题,而是因为文件中材质球所包含的贴图路径发生了改变。如果单纯用手工去修改贴图路径,操作将变得十分烦琐,这时如果用Bitmap/Photometric Paths工具,那么将会非常简单方便。

单击Bitmap/Photometric Paths工具,单击Edit Resources按钮会弹出一个面板。右侧的Close按钮是关闭面板;Info按钮可以查看所选中的贴图;Copy Files按钮可以将所选的贴图复制到指定的路径或文件夹中;Select Missing Files按钮可以选中所有丢失路径的贴图;Find Files按钮可以显示本地贴图和丢失贴图的信息;Strip Selected Paths按钮是取消所选贴图之前指定的贴图路径;Strip All Paths按钮是取消所有贴图之前指定的贴图路径;New Path文本框和Set Path按钮用来设定新的贴图路径(见图3-55)。

当我们打开从别人的电脑上获得的制作文件，如果发现贴图不能正常显示，那么我们通过Bitmap/Photometric Paths Editor工具，单击Select Missing Files按钮，首先查找并选中丢失路径的贴图，然后在New Path文本框中输入当前文件贴图所在的文件夹路径，并通过Set Path将路径进行重新指定，这样场景文件中的模型就可以正常显示贴图了。

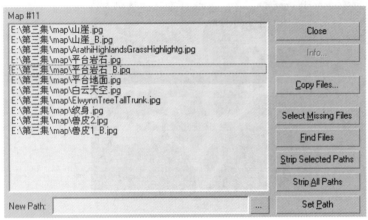

图3-55　Bitmap/Photometric Paths工具面板

当在电脑上首次装入3ds Max软件后，打开模型文件会发现原本清晰的贴图变得非常模糊，遇到这种情况并不是贴图的问题，也不是场景文件的问题，而是需要对3ds Max的驱动显示进行设置。在3ds Max菜单栏Customize（自定义）菜单下单击Preferences，在弹出的窗口中选择Viewports（视图设置），然后通过面板下方的Display Drivers（显示驱动）来进行设定。Choose Driver是选择显示驱动模式，这里要根据计算机自身显卡的配置来选择。Configure Driver是对显示模式进行详细设置，单击后会弹出Appearance Preferences面板（见图3-56）。

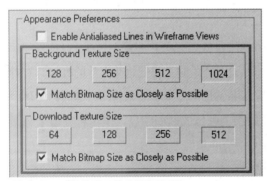

图3-56　对软件显示模式进行设置

将Background Texture Size（背景贴图尺寸）和Download Texture Size（下载贴图尺寸）分别设置为最大的1024和512格式，并选中两个Match Bitmap Size as Closely as Possible（尽可能接近匹配贴图尺寸）复选框，然后保存并关闭3ds Max软件。当再次启动3ds Max的时候，贴图就可以清晰地显示了。

第4章 游戏引擎编辑器

4.1 游戏引擎的概念

"引擎"(Engine)一词最早出现在汽车领域,引擎是汽车的动力来源,就好比汽车的心脏,决定着汽车的性能和稳定性,汽车的速度、操纵感这些直接与驾驶相关的指标都是建立在引擎的基础上。电脑游戏也是如此,玩家所体验到的剧情、关卡、场景、音乐、操作等内容都是由游戏的引擎直接控制的,它扮演着中场发动机的角色,把游戏中的所有元素捆绑在一起,在后台指挥它们同步有序地工作(见图4-1)。

图4-1　游戏引擎如同汽车引擎一样精密复杂

例如,在某游戏的一个场景中,玩家控制的角色躲藏在屋子里,敌人正在屋子外面搜索玩家。突然,玩家控制的士兵碰倒了桌子上的一个杯子,杯子坠地发出破碎声,敌人在听到屋子里的声音之后聚集到玩家所在位置,玩家开枪射击敌人,子弹引爆了周围的易燃物,产生爆炸效果。在这一系列的过程中,便是游戏引擎在后台起着作用,控制着游戏中的一切变化。简单来说,游戏引擎就是用于控制所有游戏功能的主程序,从模型控制,到计算碰撞、物理系统和物体的相对位置,再到接受玩家的输入,以及按照正确的音量输出声音等都属于游戏引擎的功能范畴。

一套完整、成熟的游戏引擎也必须包含以下几方面的功能。

一是光影效果,即场景中的光源对所有物体的影响方式。游戏的光影效果完全是由引擎控制的,折射、反射等基本的光学原理,以及动态光源、彩色光源等高级效果都是通过游戏引擎的不同编程技术实现的。

二是动画。目前游戏所采用的动画系统可以分为两种：一种是骨骼动画系统，另一种是模型动画系统。前者用内置的骨骼带动物体产生运动，比较常见；后者则是在模型的基础上直接进行变形。游戏引擎通过这两种动画系统的结合，让动画师为游戏中的对象制作更加丰富的动画效果。

三是提供物理系统，可以使物体的运动遵循固定的规律。例如，当角色跳起的时候，系统内定的重力值将决定他能跳多高，以及他下落的速度有多快；又如，子弹的飞行轨迹、车辆的颠簸方式也都是由物理系统决定的。

碰撞探测是物理系统的核心部分，它可以探测游戏中各物体的物理边缘。当两个3D物体撞在一起的时候，这种技术可以防止它们相互穿过，这就确保了当你控制的游戏角色撞在墙上的时候，不会穿墙而过，也不会把墙撞倒，因为碰撞探测会根据角色和墙之间的特性确定两者的位置和相互的作用关系。

四是即时渲染。当3D模型制作完毕后，游戏美术师会将模型添加材质和贴图，最后再通过引擎渲染把模型、动画、光影、特效等所有效果实时计算出来并展示在屏幕上。渲染模块在游戏引擎的所有部件当中是最复杂的，它的强大与否直接决定着最终游戏画面的质量（见图4-2）。

五是负责玩家与电脑之间的沟通，包括处理来自键盘、鼠标、摇杆和其他外设的输入信号。如果游戏支持联网特性的话，网络代码也会被集成在引擎中，用于管理客户端与服务器之间的通信。

时至今日，游戏引擎已从早期游戏开发的附属变成了今日的中流砥柱，对于一款游戏来说，能实现什么样的效果，很大程度上取决于所使用游戏引擎的能力。下面我们就来总结一下优秀游戏引擎所具备的优点。

1. 完整的游戏功能

随着游戏要求的提高，现在的游戏引擎不再是一个简单的三维图形引擎，而是涵盖三维图像、音效处理、AI运算、物理碰撞等游戏中的各个组件，所以齐全的各项功能和模块化的组件设计是游戏引擎所必需的。

图4-2　游戏引擎拥有强大的即时渲染能力

2. 强大的编辑器和第三方插件

优秀的游戏引擎还要具备强大的编辑器，包括场景编辑、模型编辑、动画编辑、特效编辑等。编辑器的功能越强大，美工人员可发挥的余地就越大，制作出的特效也越多。而插件的存在，使得第三方软件如3ds Max、Maya等可以与引擎对接，无缝实现模型的导入、导出。

3. 简洁有效的SDK接口

优秀的引擎会把复杂的图像算法封装在模块内，对外提供的则是简洁有效的SDK接口，有助于游戏开发人员迅速上手，这一点就像各种编程语言一样，越高级的语言越容易使用（见图4-3）。

图4-3　简洁的SDK接口

4. 其他辅助支持

优秀的游戏引擎还提供网络、数据库、脚本等功能，这一点对于面向网游的引擎来说更为重要，网游要考虑服务器端的状况，要在保证优异画质的同时降低服务器端的极高压力。

以上四条对于今天大多数的游戏引擎来说都已具备，当我们回顾过去的游戏引擎，便会发现这些功能也都是从无到有慢慢发展起来的，早期的游戏引擎在今天看来已经没有什么优势，但正是这些先行者推动了今日游戏制作的发展。

4.2 游戏引擎的发展

4.2.1 游戏引擎的诞生

1992年，美国Apogee软件公司代理发行了一款名叫《德军司令部》（*Wolfenstein 3D*）的射击游戏（见图4-4），游戏的容量只有2MB，以现在的眼光来看这款游戏只能算是微型游戏，但在当时即使用"革命"这一极富煽动色彩的词语也无法形容出它在整个电脑游戏发展史上占据的重要地位。稍有资历的玩家可能都还记得当初接触它时的兴奋心情，这款游戏开了第一人称射击游戏的先河，更重要的是，它在由宽度X轴和高度Y轴构成的图像平面上增加了一个前后纵深的Z轴，这根Z轴正是三维游戏的核心与基础，它的出现标志着三维游戏时代的萌芽与到来。

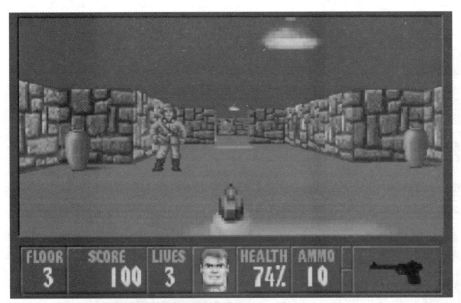

图4-4　当时具有革命性画面的《德军司令部》

《德军司令部》游戏的核心程序代码，也就是我们今天所说的游戏引擎。它的作者正是如今大名鼎鼎的约翰·卡马克（John Carmack），他在世界游戏引擎发展史上的地位无可替代。1991年他创办了id Software公司，正是凭借《德军司令部》的3D引擎让这位当初名不见经传的程序员在游戏圈中站稳了脚跟，之后id Software公司凭借《毁灭战士》（*Doom*）、《雷神之锤》（*Quake*）等系列游戏作品成为当今世界最为著名的三维游戏研发公司，而约翰·卡马克也被奉为游戏编程大师（见图4-5）。

图4-5　id Software创始人约翰·卡马克

随着《德军司令部》的大获成功，id Software公司于1993年发布了自主研发的第二款三维游戏《毁灭战士》（*Doom*）。Doom引擎在技术上大大超越了Wolfenstein 3D引擎，《德军司令部》中的所有物体大小都是固定的，所有路径之间的角度都是直角，也就是说玩家只能笔直地前进或后退，这些局限在《毁灭战士》中都得到了突破，尽管游戏的关卡还是维持在二维平面上进行制作，没有"楼上楼"的概念，但墙壁的厚度和路径之间的角度已经有了不同的变化，这使得楼梯、升降平台、塔楼和户外等各种场景成为可能。

虽然Doom引擎在今天看来仍然缺乏细节，但开发者在当时条件下的设计表现却让人叹服。另外，更值得一提的是Doom引擎是第一个被正式用于授权的游戏引擎。1993年底，Raven公司采用改进后的Doom引擎开发了一款名为《投影者》（*ShadowCaster*）的游戏，这是世界游戏史上第一例成功的"嫁接手术"。1994年Raven公司采用Doom引擎开发了《异教徒》（*Heretic*）游戏，为引擎增加了飞行的特性，成为跳跃动作的前身。1995年Raven公司采用Doom引擎开发了《毁灭巫师》（*Hexen*），加入了新的音效技术、脚本技术以及一种类似集线器的关卡设计，使玩家可以在不同关卡之间自由移动。Raven公司与id Software公司之间的一系列合作充分说明了引擎的授权无论对于使用者还是开发者来说都是大有裨益的，只有把自己的引擎交给更多的人去使用才能使游戏引擎不断地成熟和发展起来。

4.2.2 游戏引擎的发展

虽然在如今的游戏时代，游戏引擎可以拿来用作各种类型游戏的研发设计，但从世界游戏引擎发展史来看，引擎却总是伴随着FPS（第一人称射击）游戏的发展而进化，无论是第一款游戏引擎的诞生，还是次世代引擎的出现，游戏引擎往往都是依托于FPS游戏作为载体展现在世人面前，这已然成为游戏引擎发展的一条定律。

在引擎的进化过程中，肯·西尔弗曼于1994年为3D Realms公司开发的Build引擎是一个重要的里程碑。Build引擎的前身就是家喻户晓的《毁灭公爵》（*Duke Nukem 3D*）。《毁灭公爵》已经具备了今天第一人称射击游戏的所有标准内容，如跳跃、360°环视以及下蹲和游泳等特性，此外，还把《异教徒》里的飞行换成了喷气背包，甚至加入了角色缩小等令人耳目一新的内容。在Build引擎的基础上先后诞生过14款游戏，例如《农夫也疯狂》（*Redneck Rampage*）、《阴影武士》（*Shadow Warrior*）和《血兆》（*Blood*）等，还有台湾艾生资讯开发的《七侠五义》，这是当时国内为数不多的几款3D游戏之一。Build引擎的授权业务为3D Realms公司带来了一百多万美元的额外收入，3D Realms公司也由此而成为引擎授权市场上最早的受益者。但是总体来看，Build引擎并没有为3D引擎的发展带来实质性的变化，突破的任务最终由id Software公司的《雷神之锤》（*Quake*）完成了。

随着时代的变革和发展，游戏公司对于游戏引擎的重视程度日益提高，《雷神之锤》系列作为3D游戏史上最伟大的游戏系列之一，其创造者——游戏编程大师约翰·卡马克，对游戏引擎技术的发展做出了卓越贡献。从1996年*Quake I*的问世，到*Quake II*再到后来风靡世界的*Quake III*（见图4-6），每一次的更新换代都把游戏引擎技术推向了一个新的极致。在*Quake III*之后卡马克将Quake的引擎源代码公开发布，将自己辛苦研发的引擎技术贡献给了全世界，虽然现在Quake引擎已经淹没在了浩瀚的历史长河中，但无数程序员都坦然承认卡马克的引擎源代码对于自己学习和成长的重要性。

(a)　　　　　　　　　　　　　　(b)

图4-6　从*Quake I*到*Quake III*画面的发展

Quake引擎是当时第一款完全支持多边形模型、动画和粒子特效的真正意义上的3D引擎，而不是像Doom、Build那样的2.5D引擎，此外，Quake引擎还是多人连线游戏的开创者，尽管几年前的《毁灭战士》也能通过调制解调器连线对战，但最终把网络游戏带入大众视野的是《雷神之锤》，也是它促进了世界电子竞技产业的发展。

1997年，id Software公司推出《雷神之锤2》，一举确定了自己在3D引擎市场上的霸主地位，《雷神之锤2》采用了一套全新的引擎，可以更充分地利用3D加速和OpenGL技术，在图像和网络方面与前作相比有了质的飞跃，Raven公司的《异教徒2》和《军事冒险家》，Ritual公司的《原罪》，Xatrix娱乐公司的《首脑：犯罪生涯》以及离子风暴工作室的《安纳克朗诺克斯》都采用了Quake II引擎。

在 *Quake II* 还在独霸市场的时候，一家后起之秀Epic公司携带着自己的《虚幻》（*Unreal*）问世，尽管当时只是在300×200的分辨率下运行的这款游戏，但游戏中的许多特效即便在今天看来依然很出色：荡漾的水波、美丽的天空、庞大的关卡、逼真的火焰、烟雾和力场效果等，从单纯的画面效果来看，《虚幻》是当时当之无愧的佼佼者，其震撼力完全可以与人们第一次见到《德军司令部》时的感受相比。

谁都没有想到这款用游戏名字命名的游戏引擎在日后的引擎大战中发展成了一股强大的力量，Unreal引擎在推出后的两年内就有18款游戏与Epic公司签订了许可协议，这还不包括Epic公司自己开发的《虚幻》资料片《重返纳帕利》、第三人称动作游戏《北欧神符》（*Rune*）、角色扮演游戏《杀出重围》（*Deus Ex*）以及最终也没有上市的第一人称射击游戏《永远的毁灭公爵》（*Duke Nukem Forever*）等。Unreal引擎的应用范围不限于游戏制作，还涵盖了教育、建筑等其他领域，Digital Design公司曾与联合国教科文组织的世界文化遗产分部合作采用Unreal引擎制作过巴黎圣母院的内部虚拟演示，ZenTao公司采用Unreal引擎为空手道选手制作过武术训练软件，另一家软件开发商Vito Miliano公司也采用Unreal引擎开发了一套名为"Unrealty"的建筑设计软件，用于房地产的演示，现如今Unreal引擎早已经从激烈的竞争中脱颖而出，成为当下主流的次世代游戏引擎。

4.2.3 游戏引擎的革命

在虚幻引擎诞生后，引擎在游戏图像技术上的发展遇到了暂时的瓶颈，例如所有采用Doom引擎制作的游戏，无论是《异教徒》还是《毁灭战士》都有着相似的内容，甚至连情节设定都如出一辙，玩家开始对端着枪跑来跑去的单调模式感到厌倦，开发者们不得不从其他方面寻求突破，由此掀起了FPS游戏的一个新高潮。

两部划时代的作品同时出现在1998年——Valve公司的《半条命》（*Half-Life*）和Looking Glass Studios工作室的《神偷：暗黑计划》（*Thief：The Dark Project*）（见图4-7）。尽管此前的很多游戏也为引擎技术带来过许多新的特性，但没有哪款游戏能像《半条命》和《神偷》那样对后来的作品以及引擎技术的进化产生如此深远的影响。曾获得无数大奖的《半条命》采用的是Quake和Quake Ⅱ引擎的混合体，Valve公司在这两款引擎的基础上加入了两个很重要的特点：一是脚本序列技术，这一技术可以令游戏通过触动事件的方式让玩家真实地体验游戏情节的发展，这对于自诞生以来就很少注重情节的FPS游戏来说无疑是一次伟大的革命。二是对AI（人工智能）引擎的改进，敌人的行动与以往相比有了更为复杂和智能化的转变，不再是单纯地扑向枪口。这两个特点赋予了《半条命》引擎鲜明的个性，在此基础上诞生的《要塞小分队》《反恐精英》和《毁灭之日》等优秀作品又通过网络代码的加入，令《半条命》引擎焕发出了更为夺目的光芒。

图4-7　《半条命》和《神偷：暗黑计划》的游戏画面

在人工智能方面真正取得突破的游戏是Looking Glass Studios工作室的《神偷：暗黑计划》，游戏的故事发生在中世纪，玩家扮演一名盗贼，任务是进入不同的场所，在尽量不引起别人注意的情况下窃取物品。《神偷》采用的是Looking Glass Studios工作室自行开发的Dark引擎，Dark引擎在图像方面比不上《雷神之锤2》或《虚幻》，但在人工智能方面它的水准却远远高于后两者。游戏中的敌人懂得根据声音辨认玩家的方位，能够分辨出不同地面上的脚步声，在不同的光照环境下有不同的判断，发现同伴的尸体后会进入警戒状态，还会针对玩家的行动做出各种合理的反应，玩家必须躲在暗处不被敌人发现才有可能完成任务，这在以往那些纯粹的杀戮射击游戏中是根本见不到的。遗憾的是由于Looking Glass Studios工作室的过早倒闭，Dark引擎未能发扬光大，除了《神偷：暗黑计划》，采用这一引擎的只有《神偷2：金属时代》和《系统震撼2》等少数几款游戏。

受《半条命》和《神偷：暗黑计划》两款游戏的启发，越来越多的开发者开始把注意力从单纯的视觉效果转向更具变化的游戏内容，其中比较值得一提的是离子风暴工作室出品的《杀出重围》。《杀出重围》采用的是Unreal引擎，尽管画面效果十分出众，但在人工智能方面它无法达到《神偷》系列的水准，游戏中的敌人更多的是依靠预先设定的脚本做出反应。即便如此，视觉图像的品质抵消了人工智能方面的缺陷，而真正帮助《杀出重围》在众多射击游戏中脱颖而出的是它独特的游戏风格，游戏含有浓重的角色扮演成分，人物可以积累经验、提高技能，还有丰富的对话和曲折的情节。同《半条命》一样，《杀出重围》的成功说明了叙事对第一人称射击游戏的重要性，能否更好地支持游戏的叙事能力成为衡量引擎的一个新标准。

从2000年开始，3D引擎朝着两个不同的方向分化，一是像《半条命》《神偷》和《杀出重围》那样，通过融入更多的叙事成分、角色扮演成分以及加强人工智能来提高游戏的可玩性；二是朝着纯粹的网络模式发展，在这一方面id Software公司再次走到了整个行业的前沿，在Quake II出色的图像引擎基础上加入更多的网络互动方式，破天荒地推出了一款完全没有单人过关模式的网络游戏——《雷神之锤3：竞技场》（*Quake III Arena*），它与Epic公司之后推出的《虚幻竞技场》（*Unreal Tournament*）（见图4-8）一同成为引擎发展史上一个新的转折点。

图4-8　成为新时代三维游戏标杆的《虚幻竞技场》

Epic公司的《虚幻竞技场》虽然比《雷神之锤3：竞技场》落后了一步，但如果仔细比较就会发现它的表现其实要略胜一筹，从画面方面看两者几乎不相上下，但在联网模式上，它不仅提供有死亡竞赛模式，还提供有团队合作等多种网络对战模式，而且虚幻引擎不仅可以应用在动作射击游戏中，还可以为大型多人游戏、即时战略游戏和角色扮演游戏提供强有力的3D支持。Unreal引擎在许可业务方面的表现也超过了Quake III，迄今为止采用Unreal引擎制作的游戏大约已经有上百款，其中包括《星际迷航深度空间九：坠落》《新传说》和《塞拉菲姆》等。

在1998年到2000年期间迅速崛起的另一款游戏引擎是Monolith公司的LithTech引擎（见图4-9），这款引擎最初是用在机甲射击游戏《升刚》（*Shogo*）上的，LithTech引擎的开发花了整整五年时间，耗资700万美元。1998年LithTech引擎的第一个版本推出之后立即引起了业界的注意，为当时处于白热化状态下的《雷神之锤2》VS《虚幻》之争泼了一盆冷水，采用LithTech第一代引擎制作的游戏包括《血兆2》和《清醒》（*Sanity*）等。

图4-9 LithTech引擎Logo

2000年LithTech引擎的2.0版本和2.5版本，加入了骨骼动画和高级地形系统，给人留下深刻印象的《无人永生》（*No One Lives Forever*）以及《全球行动》（*Global Operations*）采用的就是LithTech 2.5引擎，此时的LithTech已经从一名有益的补充者变成了一款同Quake III和Unreal Tournament平起平坐的引擎。之后LithTech引擎的3.0版本相继发布，并且衍生出了"木星"（Jupiter）、"鹰爪"（Talon）、"深蓝"（Cobalt）和"探索"（Discovery）四大系统，其中"鹰爪"被用于开发《异形大战掠夺者2》（*Alien Vs. Predator 2*），"木星"用于《无人永生2》的开发，"深蓝"用于开发PS2版《无人永生》。曾有业内人士评价，用LithTech引擎开发的游戏，无一例外地都是3D类游戏的顶尖之作。

作为游戏引擎发展史上的一匹黑马，德国的Crytek Studios公司当之无愧，仅凭借一款《孤岛危机》游戏在当年的E3大展上惊艳四座，其Cry引擎强大的物理模拟效果和自然景观技术足以和当时最优秀的游戏引擎相媲美（见图4-10）。Cry引擎具有许多绘图、物理和动画的技术以及游戏部分的加强，其中包括：体积云、即时动态光影、场景光线吸收、3D海洋技术、场景深度、物件真实的动态半影、真实的脸部动画、光通过半透明物体时的散射、可破坏的建筑物、可破坏的树木、进阶的物理效果让树木对于风雨和玩家的动作能有更真实的反应、载具不同部位造成的伤害、高动态光照渲染、可互动和破坏的环境、进阶的粒子系统，例如火和雨会被外力所影响而改变方向、日夜变换效果、光芒特效，并且可以产生水底的折射效果、以视差贴图创造非常高分辨率的材质表面、16公里远距离的视野、人体骨骼模拟、程序上运动弯曲模型等。

对比来看，似乎Crytek与Epic有着很多共同点，都是因为一款游戏获得世界瞩目，都是用游戏名字命名了游戏引擎，也同样都是在日后的发展中由单纯的电脑游戏制作公司转型为专业的游戏引擎研发公司。我们很难去评论这样的发展之路是否是通向成功的唯一途径，但我们都能看到的是，游戏引擎技术在当今电脑游戏领域中无可替代的核心作用，过去单纯依靠程序、美工的时代已经结束，以游戏引擎为中心的集体合作时代已经到来，这也就是当今游戏技术领域我们所称的"游戏引擎时代"。

图4-10　Cry引擎创造的逼真自然景观

4.3 游戏引擎地图编辑器功能介绍

游戏引擎是一个十分复杂的综合概念，其中包括了众多的内容，既有抽象的逻辑程序概念，也包括具象的实际操作平台，引擎编辑器就是游戏引擎中最为直观的交互平台，它承载了策划、美术制作人员与游戏程序的衔接任务。一套成熟完整的游戏引擎编辑器一般包含以下几部分：场景地图编辑器、场景模型编辑器、角色模型编辑器、动画特效编辑器和任务编辑器，不同的编辑器负责不同的制作任务，以供不同的游戏制作人员使用。

在以上所有的引擎编辑器中，最为重要的就是场景地图编辑器，因为其他编辑器制作完成的对象最后都要加入场景地图编辑器中，也可以说整个游戏内容的搭建和制作都是在场景地图编辑器中完成的。笼统地说，地图编辑器就是一种即时渲染显示的游戏场景地图制作工具，可以用来设计制作和管理游戏的场景地图数据，它的主要任务就是将所有的游戏美术元素整合起来，完成游戏整体场景的搭建、制作和最终输出。现在世界上所有先进的商业游戏引擎都会把场景地图编辑器作为重点设计对象，将一切高尖端技术加入其中，因为引擎地图编辑器的优劣决定了最终游戏整体视觉效果的好坏。下面我们就详细介绍一下游戏引擎场景地图编辑器以及它所包括的各种具体功能。

4.3.1 地形编辑功能

地形编辑功能是游戏引擎地图编辑器的重要功能之一，也是其最为基础的功能。通常来说，三维游戏野外场景中的大部分地形、地表、山体等并非3ds Max制作的模型，而是利用场景地图编辑器生成并编辑制作完成的（见图4-11）。下面我们通过一块简单的地图地形的制作来了解游戏引擎地图编辑器的地形编辑功能。

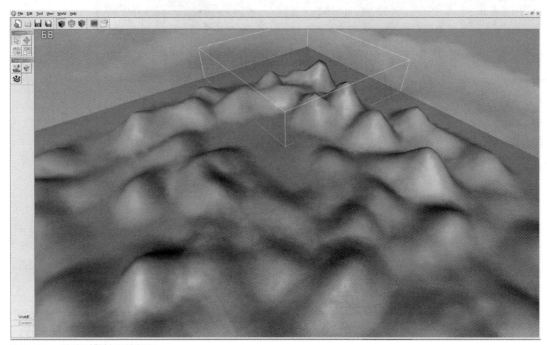

图4-11　游戏引擎地图编辑器

根据游戏规划的内容，在确定了一块场景地图的大小之后，我们就可以通过场景地图编辑器正式进入场景地图的制作。首先，我们需要根据规划的尺寸来生成一块地图区块，其实地图编辑器中的地图区块就相当于3ds Max中Plane模型，地图中包含若干相同数量的横向和纵向的分段（Segment），分段之间所构成的一个矩形小格就是衡量地图区块的最小单位，我们就可以以此为标准来生成既定尺寸的场景地图。在生成场景地图区块之前，我们要对整个地图的基本地形环境有所把握，因为初始地图区块并不是独立生成的光秃秃的地理平面，而是伴随整个地图的地形环境而生成，下面我们利用3ds Max来模拟讲解这一过程。

在游戏引擎地图编辑器中可以导入一张黑白位图，这张位图中的黑白像素可以控制整个地图区块基本地形的大致地貌，如图4-12所示，图中右侧是我们导入的位图，而左侧就是根据位图生成的地图区块，可以看到地图区块中已经随即生成了与位图相对应的基本地形，位图中的白色区域在地表区块中被生成隆起的地形，利用位图生成地形的目的是下一步可以更加快捷地编辑局部的地形地貌。

接下来我们就要进入局部细节地表的编辑与制作，这里我们仍然利用3ds Max来模拟制作。在3ds Max编辑多边形命令层级菜单下方有Paint Deformation（变形绘制）面板，其实这项功能的原理与游戏引擎地图编辑器中的地形编辑功能如出一辙，都是利用绘制的方式来编辑多边形的点、线、面，图4-13是三种最基本的地形绘制模式，左边是拉起地形操作，中间为塌陷地形操作，右侧为踏平操作，通过这三种基本的地形绘制模式，再加上柔化笔刷就可以完成游戏场景中不同地形的编辑与制作。

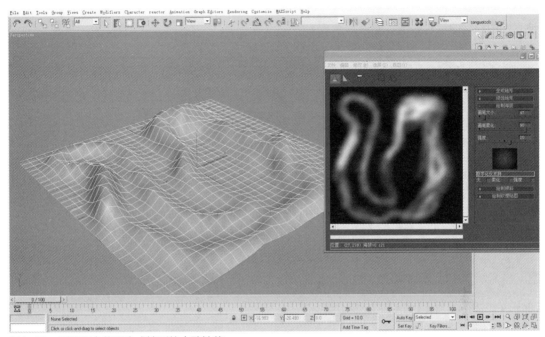

图4-12　利用黑白位图生成地形的大致地貌

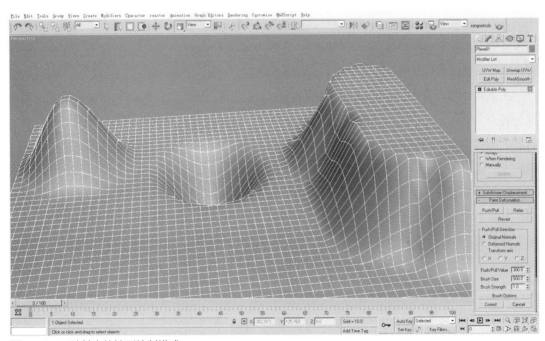

图4-13　三种基本的地形绘制模式

游戏引擎地图编辑器的地形编辑功能除了对地形地表的操作，另一个重要的功能就是地表贴图的绘制，贴图绘制和模型编辑在场景地形制作上是相辅相成的，在模型编辑的同时还要考虑地形贴图的特点，只有相互配合才能最终完成场景地表形态的制作，图4-14中雪山山体的岩石肌理和山脊上的残雪都是利用地图编辑器的地表贴图绘制功能实现的，下面我们就来看一下地表贴图绘制的流程和基本原理。

图4-14　利用引擎地图编辑器制作的雪山地形

从功能上来说，游戏引擎地图编辑器的笔刷分为两种：地形笔刷和材质笔刷。地形笔刷就是上面地表编辑功能中讲到的，另外，还可以把笔刷切换为材质笔刷，这样就可以为编辑完成的地表模型绘制贴图材质。在地图编辑器中包含一个地表材质库，我们可以将自己制作的贴图导入其中，这些贴图必须为四方连续贴图，通常为1024×1024或者512×512像素尺寸，之后就可以在场景地图编辑器中调用这些贴图来绘制地表。

在上面的内容中讲过，场景地图中的地形区块其实就相当于3ds Max中的Plane模型，上面包含着众多的点、线、面，而地图编辑器绘制地表贴图的原理恰恰就是利用这些点、线、面，材质笔刷就是将贴图绘制在模型的顶点上，引擎程序通过计算顶点与顶点之间的距离，还可以模拟出羽化的效果，形成地表贴图之间的完美衔接。

因为要考虑硬件和引擎运算的负担，场景地表模型的每一个顶点上不能同时绘制太多的贴图，一般来说同一顶点上的贴图数量不超过四张，如果已经存在四张贴图，那么就无法绘制上第五张贴图，不同的游戏引擎在这方面都有不同的要求和限制。下面我们就简单模拟一下在同一张地表区块来绘制不同地表贴图的效果（见图4-15）。

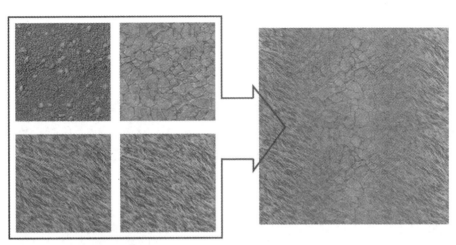

图4-15 地表贴图的绘制原理

我们用图4-15左侧的贴图来代表地表材质库中的四张贴图，左上角的沙石地面为地表基本材质，我们要在地表中间绘制出右上角的道路纹理，还要在两侧绘制出两种颜色衔接的草地，图4-15右侧就是模拟的最终效果。具体绘制的方法非常简单，材质笔刷类似于Photoshop中的羽化笔刷，可以调节笔刷的强度、大小范围和贴图的透明度，然后就可以根据地形的起伏，在不同的地表结构上来选择合适的地表贴图来绘制。

场景地图地表的编辑制作难点并不在引擎编辑器的使用上，其原理、功能和具体操作都非常简单易学，关键是对于自然场景实际风貌的了解以及艺术塑造的把握，要想将场景地表地形制作得真实自然，就要通过图片、视频甚至身临其境去感受和了解自然场景的风格特点，然后利用自己的艺术能力去加以塑造，让知识与实际相结合、自然与艺术相融合，这便是野外场景制作的精髓所在。

4.3.2 模型导入

在场景地图编辑器中完成地表的编辑制作后，就需要将模型导入地图编辑器中，进行局部场景的编辑和整合，这就是引擎地图编辑器的另一个重要功能——模型导入。在3ds Max中制作完成模型之后，通常要将模型的重心归置到模型的中心，并将其归位到坐标系的中心位置，还要根据各自引擎和游戏的要求调整模型的大小比例，之后就要利用游戏引擎提供的导出工具，将模型从3ds Max导出为引擎需要的格式文件，然后将这种特定格式的文件导入游戏引擎的模型库中，这样场景地图编辑器就可以在场景地图中随时导入、调用模型。图4-16为虚幻3引擎的场景地图编辑器操作界面，右侧的图形和列表窗口就是引擎的模型库，我们可以在场景编辑器中随时调用需要的模型，来进一步完成局部细节的场景制作。

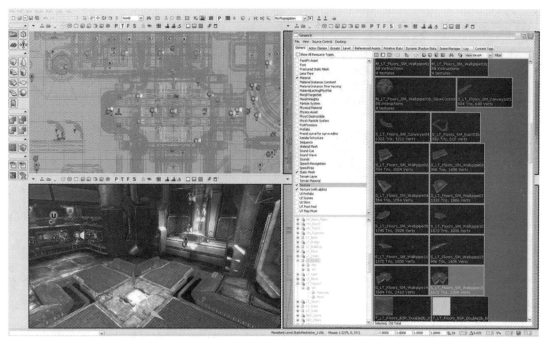

图4-16 虚幻3引擎的场景地图编辑器操作界面

4.3.3 添加粒子特效和场景动画

当场景地图的制作大致完成后，通常我们需要对场景进行修饰和润色，最基本的手段就是添加粒子特效和场景动画，这也是在场景地图编辑器中完成的。其实粒子特效和场景动画的编辑和制作并不是在场景地图编辑器中来进行的，游戏引擎会提供专门的特效动画编辑器，具体特效和动画的制作都是在这个编辑器中来完成。之后与模型的操作方式和原理相同，就是把特效和动画导出为特定的格式文件，然后导入游戏引擎的特效动画库中以供地图编辑器使用，地图编辑器中对特效动画的操作与普通场景模型的操作方式基本相同，都是对操作对象完成缩放、旋转、移动等基本操作，来配合整个场景的编辑、整合与制作，图4-17为虚幻3引擎特效编辑器操作界面。

4.3.4 设置物体属性

游戏引擎地图编辑器的另外一项功能就是设置模型物体的属性，这通常是高级游戏引擎具备的一项功能，主要是对场景地图中的模型物体进行更加复杂的属性设置（见图4-18），比如通过Shader来设置模型的反光度、透明度、自发光或者水体、玻璃、冰的折射率等参数，通过这些高级的属性设置可以让游戏场景更加真实自然，同时也能体现游戏引擎的先进程度。

第4章 游戏引擎编辑器

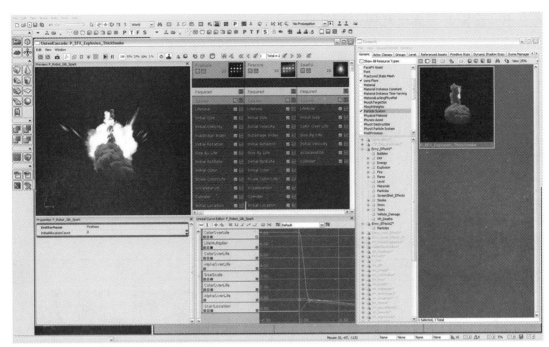

图4-17 虚幻3引擎特效编辑器操作界面

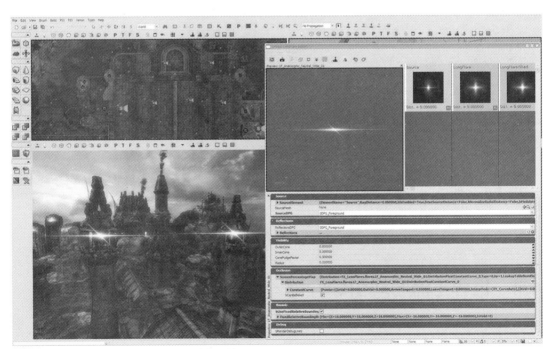

图4-18 在地图编辑器中设置模型物体的属性

4.3.5 设置触发事件和摄像机动画

设置触发事件和摄像机动画是属于游戏引擎的高级应用功能，通常是为了游戏剧情的需要，来设置玩家与NPC的互动事件，或者是需要利用镜头来展示特定场景。这类似于游戏引擎的"导演系统"，玩家可以通过场景编辑器中的功能，将场景模型、角色模型和游戏摄像机根据自己的需要进行编排，根据游戏剧本来完成一场戏剧化的演出。这些功能通常都是游戏引擎中最为高端和复杂的部分，不同的游戏引擎都有各自的制作模式，而现在成熟的游戏引擎都为商业化引擎，我们很难去学习具体的操作过程，这里我们只是先做简单了解。图4-19为游戏引擎中的导演控制系统。

图4-19 游戏引擎中的导演控制系统

4.4 世界主流游戏引擎介绍

世界游戏制作产业发展进入"游戏引擎时代"后，人们普遍明白了游戏引擎对于游戏制作的重要性，于是各家厂商都开始自主引擎的设计研发，到目前为止，全世界已经署名并成功研发出游戏作品的引擎有几十种，这其中有将近十款的世界级主流游戏引擎，所谓主流游戏引擎就是指在世界范围内成功进行过多次软件授权的成熟商业游戏引擎。下面我们就来介绍几款世界知名的主流游戏引擎。

1. Unreal（虚幻）引擎

自1999年具有历史意义的《虚幻竞技场》（*Unreal Tournament*）发布以来，该系列一直引领世界FPS游戏的潮流，完全不输于同期风头正盛的《雷神之锤》系列，从第一代虚幻引擎就展现了Epic公司对于游戏引擎技术研发的坚定决心。2006年，虚幻3引擎的问世，彻底奠定了虚幻作为世界级主流引擎以及Epic公司作为世界顶级引擎生产商的地位。2014年，虚幻4引擎（Unreal Engine 4）正式发布，拉开了次世代游戏引擎的序幕（见图4-20）。

图4-20　虚幻4引擎Logo

虚幻4引擎是一套以DirectX 11图像技术为基础，为PC、Xbox One、PlayStation 4平台准备的完整游戏开发构架，提供大量的核心技术阵列、内容编辑工具，支持高端开发团队的基础项目建设。虚幻4引擎的所有制作理念都是为了更加容易地进行制作和编程的开发，为了让所有的美术人员尽量牵扯最少程序开发内容的情况下使用辅助工具来自由创建虚拟环境，同时提供程序编写者高效率的模块和可扩展的开发构架，用来创建、测试和完成各种类型的游戏制作。

作为虚幻3引擎的升级，虚幻4可以处理极其细腻的模型。通常游戏的人物模型由几百至几千个多边形面组成，而虚幻4引擎可以创建一个数百万多边形面组成的超精细模型，并对模型进行细致的渲染，然后得到一张高品质的法线贴图。这张法线贴图中记录了高精度模型的所有光照信息和通道信息，在游戏最终运行的时候，游戏会自动将这张带有全部渲染信息的法线贴图应用到一个低多边形面数（通常多边形面数在15000～30000个）的模型上。这样最终的效果就是游戏模型虽然多边形面数较少但却拥有高精度的模型细节，保证效果的同时，最大限度地节省了硬件的计算资源，这就是现在次世代游戏制作中常用的法线贴图技术，而虚幻引擎也是世界范围内法线贴图技术的最早引领者（见图4-21）。

此外，虚幻4引擎还具备新的材料流水线、蓝图视觉化脚本、直观蓝图调试、内容浏览器、人物动画、Matinee影院级工具集、全新地形和植被、后期处理效果、热重载（Hot Reload）、模拟与沉浸式视角、即时游戏预览、AI、音频、中间件集成等一系列全新特性。

图4-21 利用高模映射烘焙是制作法线贴图的技术原理

虚幻引擎是近几年世界上最为流行的游戏引擎，基于它开发的大作无数，包括《战争机器》《使命召唤》《彩虹六号》《虚幻竞技场》《荣誉勋章》《镜之边缘》《质量效应》《蝙蝠侠：阿卡姆疯人院》《流星蝴蝶剑OL》等。

虚幻4引擎在刚发布的时候采用了付费授权的模式，开发者只需每月支付19美元的订阅费，就可以获得虚幻4全部的功能、工具、文档、更新以及托管在GitHub上完整的C++源码。然而时隔一年，2015年3月，Epic Games宣布虚幻4引擎的授权将完全免费，所有开发者均可免费获得虚幻4的所有工具、功能、全部源代码、完整项目、范例内容、常规更新和Bug修复等。开发的游戏产品在实现商业化销售后，在每季度首次盈利超3000美元后才需支付5%的版权费用，而对于诸如建筑、模拟和可视化的电影项目、承包项目和咨询项目，则不必支付版权费用。如此开放化的政策为游戏研发团队和个人提供了最为实际的推动力，对于日后整个游戏研发领域也起到了十分积极的作用。

2. CryEngine引擎

2004年，德国一家名叫Crytek的游戏工作室发行了自己制作的第一款FPS游戏《孤岛惊魂》（*Far Cry*），这款游戏采用的是其自主研发的CryEngine引擎，这款游戏在当年的美国E3大展亮相便获得了广泛的关注，其游戏引擎制作出的场景效果更称得上是惊艳。Cry Engine引擎擅长超远视距的渲染，同时拥有先进的植被渲染系统，此外，玩家在游戏关卡中不需要暂停来加载附近的地形，对于室内和室外的地形也可无缝过渡，游戏大量使用像素着色器，借助Crytek的PolyBump法线贴图技术，使游戏中室内和室外的水平特征细节也得到了大幅提高。游戏引擎内置的实时沙盘编辑器（Sandbox Editor），可以让玩家很容易地创建大型户外关卡，加载测试自定义的游戏关卡，并即时看到游戏中的特效变化。虽然当时的Cry Engine引擎与世界顶级的游戏引擎还有一定的距离，但所有人都看到了CryEngine引擎的巨大潜力。

2007年，美国EA公司发行了Crytek公司制作的第二部FPS游戏《孤岛危机》（*Crysis*）（见图4-22），《孤岛危机》使用的是Crytek自主游戏引擎的第2代——Cry Engine 2。采用

CryEngine 2引擎所创造出来的世界可以说是一个惊为天人的游戏世界，引入白天和黑夜交替设计，静物与动植物的破坏、捡拾和丢弃系统，物体的重力效应，人或风力对植物、海浪的形变效应，爆炸的冲击波效应等一系列的场景特效，其视觉效果直逼真实世界。

图4-22　《孤岛危机》游戏画面

　　CryEngine 2引擎的首要特征就是卓越的图像处理能力，在DirectX 10的帮助下，CryEngine 2引擎提供了实时光照和动态柔和阴影渲染支持，这一技术无须提前准备纹理贴图，就可以模拟白天和动态的天气情况下的光影变化，同时能够生成高分辨率、带透视矫正的容积化阴影效果，而创造出这些效果得益于引擎中所采用的容积化、多层次以及远视距雾化技术。

　　同时，引擎还整合了灵活的物理引擎，使得具备可破坏性特征的环境创建成为可能，大至房屋建筑，小至树木都可以在外力的作用下实现坍塌断裂等毁坏效果，树木植被甚至是桥梁在风向或水流的影响下都能做出相应的力学弯曲反应。

　　另外，引擎还具备真实的动画系统，可以让动作捕捉器获得的动画数据与手工动画数据相融合，Cry Engine 2采用CCD-IK、分析IK、样本IK等程序化算法以及物理模拟来增强预设定动画，结合运动变形技术来保留原本基础运动的方式，使得原本生硬的计算机生成跟真人动作捕捉混合，动画看起来更加自然逼真，实现如跑动转向的重心调整都表现了出来，而上下坡行走动作也同在平地上有所区别。

　　Sandbox（沙盒）游戏编辑器为游戏设计者和关卡设计师们提供了协同、实时的工作环境，工具中还包含有地形编辑、视觉特征编程、AI、特效创建、面部动画、音响设计以及代码管理等工具，无须代码编译过程，游戏就可以在目标平台上进行生成和测试。

　　2011年，《孤岛危机2》发售，与之相应，Crytek发布了全新的Cry Engine 3引擎（见图4-23）。作为升级版，Cry Engine 3引擎最大的特点是一站式的解决方案，面向Xbox

和PS平台，以及MMO网游，并可随时升级至下一代技术平台。另外，除了画面质量的全面提升，CryEngine 3引擎内含全新一代的Sandbox关卡编辑器——第三代"所见即所玩"（WYSIWYP）技术，面向专业游戏开发群体。开发人员不仅可以在PC上即时预览跨平台游戏，而且一旦在PC的沙盒上对原始艺术资源内容进行更改，CryEngine 3引擎就会立即自动对其进行转换、压缩和优化，并更新所有支持平台的输出结果，开发人员也能立刻看到光影、材料、模型的改变效果。

图4-23　CryEngine 3引擎Logo

3. Frostbite（寒霜）引擎

Frostbite引擎是EA DICE开发的一款三维游戏引擎，主要应用于军事射击类游戏《战地》系列。该引擎从2006年起开始研发，第一款使用寒霜引擎的游戏是2008年上市的《战地：叛逆连队》。寒霜系列引擎至今为止共经历4个版本：寒霜1.0、寒霜1.5、寒霜2.0和现在的寒霜3.0。

寒霜1.0引擎首次使用是在2008年的《战地：叛逆连队》中，其中HDR Audio系统允许调整不同种类音效的音量来让玩家能在嘈杂的环境中听得更清楚，Destruction 1.0摧毁系统允许玩家破坏某些特定的建筑物。寒霜1.5引擎首次应用在2009年的《战地1943》中，引擎中的摧毁系统提升到了2.0版（Destruction 2.0），允许玩家破坏整栋建筑而不仅仅是一堵墙。2010年的《战地：叛逆连队2》也使用了这款引擎，同时也是该引擎第一次登陆Windows平台，Windows版部分支持了DirectX 11的纹理特性，同年的《荣誉勋章》多人游戏模式也使用了该引擎。

寒霜2.0引擎随《战地3》一同发布，它完全利用了DirectX 11 API和Shader Model 5以及64位性能，并不再支持DirectX 9，也意味着采用寒霜2.0游戏引擎开发的游戏将不能在XP系统下运行。寒霜2.0支持目前业界中最大的材质分辨率，在DirectX 11模式材质的分辨率支持度可以达到16384×16384。寒霜2.0所采用的是Havok物理引擎中增强的第三代摧毁系统Destruction 3.0，应用了非传统的碰撞检测系统，可以制造动态的破坏，物体被破坏的细节可以完全由系统实时演算渲染生成，而非事先预设定，引擎理论上支持100%物体破坏，包括载具、建筑、草木枝叶、普通物体、地形等（见图4-24），寒霜2.0引擎可谓名副其实的次世代游戏引擎。

图4-24 《战地3》中的Destruction 3.0摧毁系统画面效果

4. Gamebryo引擎

Gamebryo引擎相比以上三款游戏引擎在玩家中的知名度略低,但提起《辐射3》(见图4-25)、《辐射：新维加斯》、《上古卷轴4》以及《地球帝国》系列这几款大名鼎鼎的游戏作品相信无人不知,而这几款游戏作品正是使用Gamebryo游戏引擎制作出来的。Gamebryo引擎是NetImmerse引擎的后继版本,是由Numerical Design Limited最初开发的游戏中间层,在与Emergent Game Technologies公司合并后,引擎改名为Gamebryo。

图4-25 利用Gamebryo引擎制作的《辐射3》游戏画面

Gamebryo游戏引擎是由C++编写的多平台游戏引擎,它支持的平台有Windows、Wii、PlayStation 2、PlayStation 3、Xbox和Xbox 360。Gamebryo是一个灵活多变、支持跨平台创作的游戏引擎和工具系统,无论是制作RPG或FPS游戏,或是一款小型桌面游戏,也无论游戏平台是PC、Playstation 3、Wii或者Xbox 360,Gamebryo游戏引擎都能在设计制作过程中起到极大的辅助作用,提升整个项目计划的进程效率。

灵活性是Gamebryo引擎设计原则的核心,由于Gamebryo游戏引擎具备超过十年的技术积累,使更多的功能开发工具以模块化的方式呈现,让开发者根据自己的需求开发各种不同类型的游戏,另外,Gamebryo的程序库允许开发者在不需修改源代码的情况下做最大限度的个性化制作。强大的动画整合也是Gamebryo引擎的特色,引擎几乎可以自动处理所有的动画值,这些动画值可从当今热门的DCC工具中导出。此外,Gamebryo的Animation Tool可混合任意数量的动画序列,创造出具有行业标准的产品,结合Gamebryo引擎中所提供的渲染、动画及特技效果功能,来制作任意风格的游戏。

凭借Gamebryo引擎具备的简易操作以及高效特性,不只是在单机游戏上,网络游戏上也有越来越多的游戏产品应用这一便捷实用的商业化游戏引擎,在能保持画面优质视觉效果的前提下,能更好地保持游戏的可玩性及寿命。利用Gamebryo引擎制作的游戏有《轴心国和同盟军》、《邪神的呼唤:地球黑暗角落》、《卡米洛特的黑暗年代》、《上古卷轴4:湮没》、《上古卷轴4:战栗孤岛》、《地球帝国2》、《地球帝国3》、《辐射3》、《辐射:新维加斯》、《可汗2:战争之王》、《红海》、《文明4》、《席德梅尔的海盗》、《战锤Online:决战世纪》、《动物园大亨2》等。此外,国内许多游戏制作公司也引进Gamebryo引擎制作了多部游戏作品,包括腾讯公司的《御龙在天》、《轩辕传奇》、《QQ飞车》,烛龙科技的《古剑奇谭》,久游的《宠物森林》等。

5. BigWorld引擎

大多数游戏引擎的诞生以及应用更多是对于单机游戏,而单机游戏引擎大多都不能直接对应网络或多人互动功能,需要加载另外的附件工具来实现,BigWorld游戏引擎则恰恰是针对网络游戏提供的一套完整技术解决方案。BigWorld引擎全称为BigWorld MMO Technology Suite,这一方案无缝集成了专为快速、高效开发MMO游戏而设计的高性能服务器应用软件、工具集、高级3D客户端和应用编程接口(APIs)。

与大多数的游戏引擎生产商不同,BigWorld引擎并不是由游戏公司开发出来的,Big World Pty Ltd 是一家私人控股公司,总部位于澳大利亚,是一家专门从事互动引擎技术开发的公司,在世界范围寻找适合的游戏制作公司,提供引擎授权合作服务。

BigWorld游戏引擎被人们所知晓的原因是它造就了世界上最成功MMORPG游戏——《魔兽世界》,而且BigWorld游戏引擎也是目前世界上唯一一套完整的服务器、客户端MMOG解决方案,整体引擎套件由服务器软件、内容创建工具、3D客户端引擎、服务器端实时管理工具组成,让整个游戏开发项目避免了未知、昂贵和耗时的软件研发风险,从而使授权客户能够专注于游戏本身的创作。

作为一款专为网游而诞生的游戏引擎,其主要特点是以网游的服务端以及客户端之间的性能平衡为重心。BigWorld游戏引擎有强大且具弹性的服务器架构,整个服务器端的系统会根据需要,以不被玩家察觉的方式重新动态分配各个服务器单元的作业负载流程,达到平衡的同时不会造成任何的运作停顿并保持系统的运行连贯。应用引擎中的内容创建工具能快速实现游戏场景空间的构建,并且使用世界编辑器、模型编辑器以及粒子编辑器在减少重复操作的情况下创建出高品质的游戏内容。

随着新一代BigWorld 2.0游戏引擎的推出,在服务器端、客户端以及编辑器上都有更多的改进,在服务器端上增加支持64位操作系统和更多的第三方软件进行整合,增强了动态负载均衡和容错技术,大大提高了服务器的稳定性。客户端上内嵌Web浏览器,实现在游戏的任何位置显示网页,支持标准的HTML/CSS/JavaScript/Flash在游戏世界里的应用,优化了多核技术的效果,使玩家电脑中每个处理器核心的性能都发挥得淋漓尽致。而在编辑器上则强化景深、局部对比增益、颜色色调映射、非真实效果、卡通风格边缘判断、马赛克、发光效果、夜视模拟等一些特效的支持,优化对象查找的功能让开发者可以更好地管理游戏中的对象。

国内许多网络游戏都是利用 BigWorld 引擎制作出来的,其中包括《天下 2》《天下 3》《创世西游》《鬼吹灯 OL》《三国群英传 OL2》《侠客列传》《海战传奇》《创世 OL》《天地决》《神仙世界》《奇幻 OL》《神骑世界》《魔剑世界》《西游释厄传 OL》《星际奇舰》《霸道 OL》《坦克世界》(见图 4-26)等。

图4-26 《坦克世界》的游戏画面效果

6. id Tech引擎

有人说IT行业是一个充满传奇的领域,诸如微软公司的比尔·盖茨、苹果公司的乔布斯,在行业不同时期的发展中总会诞生一些充满传奇色彩的人物,如果把盖茨和乔布斯看作传统计算机行业的传奇人物,那么约翰·卡马克就是世界游戏产业发展史上不输于以上两位的神话人物。1996年《雷神之锤》问世，约翰•卡马克带领他的id Software公司创造了三维游戏历史上的里程碑，他们将研发Quake的游戏编程技术命名为id Tech引擎，世界上第一款真正的3D游戏引擎就这样诞生了，在随后每一代《雷神之锤》系列的研发过程中，id Tech引擎也在不断地进化。

《雷神之锤2》所应用的id Tech 2引擎对硬件加速的显卡进行了全方位的支持，当时较为知名的3D API是OpenGL，id Tech 2引擎也因此重点优化了OpenGL性能，这也奠定了id Software公司系列游戏多为OpenGL渲染的基础。引擎同时对动态链接库（DLL）进行支持，从而实现了同时支持软件和OpenGL渲染的方式，可以在载入/卸载不同链接库的时候进行切换。利用id Tech 2引擎制作的代表游戏有《雷神之锤2》《时空传说》《大刀》《命运战士》等。约翰•卡马克在遵循GNU和GPL准则的情况下于2001年12月22日公布了此引擎的全部源代码。

伴随着1999年《雷神之锤3》的发布，id Tech 3引擎成为当时风靡世界的主流游戏引擎，id Tech 3引擎已经不再支持软件渲染，必须有硬件3D加速显卡才能运行。引擎增加了32位材质的支持，还直接支持高细节模型和动态光影，同时，引擎在地图中的各种材质、模型上都表现出了极好的真实光线效果，《雷神之锤3》使用了革命性.MD3格式的人物模型，模型的采光使用了顶点光影（vertex animation）技术，每一个人物都被分为不同段（头、身体等），并由玩家在游戏中的移动而改变实际的造型，游戏中真实感更强烈。Quake III拥有游戏内命令行的方式，几乎所有使用这款引擎的游戏都可以用～键调出游戏命令行界面，通过指令的形式对游戏进行修改，增强了引擎的灵活性。Quake III是一款十分优秀的游戏引擎，即使是放到今天来讲，这款引擎仍有可取之处，虽然画质可能不是第一流的了，但是其优秀的移植性、易用性和灵活性使得它作为游戏引擎仍能发挥余热，使用Quake III引擎的游戏数量众多，比如早期的《使命召唤》系列、《荣誉勋章》《绝地武士2》《星球大战》《佣兵战场2》《007》《重返德军总部2》等。2005年8月19日，id Software公司在遵循GPL许可证准则的情况下开放了id Tech 3引擎的全部核心代码。

2004年id Software公司的著名游戏系列《毁灭战士3》（DOOM3）发布（见图4-27），其研发引擎id Tech 4再次引起人们广泛关注。在《毁灭战士3》中，即时光影效果成了主旋律，它不仅实现了静态光源下的即时光影，最重要的是通过Shadow Volume（阴影锥）技术让id Tech 4引擎实现了动态光源下的即时光影，这种技术在游戏中被大规模使用。除了Shadow Volume技术，《毁灭战士3》中的凹凸贴图、多边形、贴图、物理引擎和音效也都是非常出色的，可以说2004年《毁灭战士3》一经推出，当时的显卡市场可谓一片哀号，GeForce FX 5800/Radeon 9700以下的显卡基本丧失了高画质下流畅运行的能力，强悍能力也只有现在的《孤岛危机》（Crysis）能与之相比。由于id Tech 4引擎的优秀，后续有一大批游戏都使用了这款引擎，包括《毁灭战士3》资料片《邪恶复苏》《雷神之锤4》《掠食》（PREY）、《敌占区：雷神战争》和《重返德军总部》等。2011年id Software公司再次决定将id Tech 4引擎的源代码进行开源共享。

图4-27　《毁灭战士3》在当时是名副其实的显卡杀手

id Software公司从没有停止过对游戏引擎技术探索的脚步，在id Tech 4引擎后又成功研发出功能更为强大的id Tech 5引擎。虽然随着网络游戏时代的兴起，id Tech引擎可能不再如以前那样熠熠闪光，甚至会逐渐淡出人们的视野，但约翰·卡马克和id Software公司对于世界游戏产业的贡献永远值得人们尊敬，他们对于技术资源的共享精神也值得全世界所有游戏开发者学习。

7. Source（起源）引擎

Valve（威乐）公司在开发第一代《半条命》（*Half Life*）游戏的时候采用了Quake引擎，当他们开发续作《半条命2》（*Half Life*2）之时，Quake引擎已经略显老态，于是他们决定自己开发游戏引擎，这也成就了另一款知名的引擎——Source引擎（见图4-28）。

图4-28　起源引擎Logo

Source引擎是一个真三维的游戏引擎，提供关于渲染、声效、动画、抗锯齿、界面、网络、美工创意和物理模拟等全方面的支持。Source引擎的特性是大幅度提升物理系统真实性和渲染效果，数码肌肉的应用让游戏中人物的动作神情更为逼真，Source引擎可以让游戏中的人物模拟情感和表达，每个人物的语言系统是独立的，在编码文件的帮助下，和虚拟角色间的交流就像真实世界中一样。Valve在每个人物的脸部上面添加了42块"数码肌肉"来实现这一功能，嘴唇的翕动也是一大特性，因为根据所说话语的不同，口形也是不同的。同时为了与表情配合，Valve公司还创建了一套基于文本文件的半自动声音识别系统（VRS），Source引擎制作的游戏可以利用VRS系统在角色说话时调用事先设计好的单词口形，再配合表情系统实现精确的发音口形（见图4-29）。

图4-29　Source引擎可以实现丰富的面部表情

Source引擎的另外一个特性就是三维沙盒系统，可以让地图外的空间展示为类似于3D效果的画面，而不是以前呆板的平面贴图，这样增强了地图的纵深感觉，可以让远处的景物展示在玩家面前而不用进行渲染。Source的物理引擎是基于Havok引擎，但是进行大量的几乎重写性质的改写，增添游戏的额外交互感觉体验。人物的死亡可以用称为布娃娃物理系统的部分控制，引擎可以模拟物体在真实世界中的交互作用而不会占用大量资源空间。

以起源引擎为核心搭建的多人游戏平台Steam是世界上规模最大的联机游戏平台，包括《胜利之日：起源》《反恐精英：起源》和《军团要塞2》等，也是世界上最大的网上游戏文化聚集地之一。起源引擎所制作的游戏支持强大的网络连接和多人游戏功能，包括支持高达64名玩家的局域网和互联网游戏，引擎已集成服务器浏览器、语音通话和文字信息发送等一系列功能。利用Source引擎开发的代表游戏有《半条命2：三部曲》《反恐精英：起源》《求生之路》系列、《胜利之日：起源》《吸血鬼》《军团要塞2》、*SiN Episodes*等。

8. Unity引擎

随着智能手机在世界范围的普及，手机游戏成为网络游戏之后游戏领域另一个发展的主流趋势，过去手机平台上利用Java语言开发的平面像素游戏已经不能满足人们的需要，手机玩家需要获得与PC平台同样的游戏视觉画面，就这样3D类手机游戏应运而生。

虽然像Unreal这类大型的三维游戏引擎也可以用于3D手机游戏的开发，但无论从工作流程、资源配置还是发布平台来看，大型三维游戏引擎操作复杂、工作流程烦琐、需要高配置的硬件支持，本来自身的优势在手游平台上反而成了弱势。由于手机游戏容量小、流程短、操作性强、单机化等特点，决定了手游3D引擎在保证视觉画面的同时要尽可能对引擎自身和软件操作流程进行简化，最终这一目标被Unity Technologies公司所研发的Unity3D引擎所实现。

Unity3D引擎自身具备所有大型三维游戏引擎的基本功能，例如高质量渲染系统、高级光照系统、粒子系统、动画系统、地形编辑系统、UI系统、物理引擎等，而且整体的视觉效果也不亚于现在市面上的主流大型3D引擎。在此基础上，Unity3D引擎最大的优势在于多平台的发布支持和低廉的软件授权费用。Unity3D引擎不仅支持苹果iOS和安卓平台的发布，同时也支持PC、Mac、PS、Wii、Xbox等平台的发布。

除了授权版本，Unity3D还提供了免费版本，虽然简化了一些功能，却为开发者提供了Union和Asset Store的销售平台，任何游戏制作者都可以把自己的作品放到Union商城上销售，而专业版Unity3D Pro的授权费用个人开发者也能承担得起，这对于很多独立游戏制作者无疑是最大的实惠。Unity3D引擎的这些优势让不少单机游戏厂商也选择用其来开发游戏产品（见图4-30）。

图4-30　利用Unity3D引擎开发的《仙剑奇侠传6》

Unity3D引擎在手游研发市场所占的份额已经超过50%，其在目前的游戏制作领域中除了用于手机游戏的研发，还用于网页游戏的制作，甚至许多大型单机游戏也逐渐开始购买Unity3D的引擎授权。虽然今天的Unity3D还无法跟Unreal、Cry、Gamebryo等知名引擎平起平坐，但我们可以肯定Unity3D引擎的巨大潜力。

利用Unity3D引擎开发的手游和页游代表游戏有《神庙逃亡2》《武士2复仇》《极限摩托车2》《王者之剑》《绝命武装》《AVP：革命》《坦克英雄》《新仙剑OL》《绝代双骄》

《天神传》《梦幻国度2》等。

经过多年的积淀，Unity开发商决定加入次世代引擎的竞争当中，2015年3月，在备受瞩目的GDC 2015游戏开发者大会上，Unity Technologies正式发布了次世代多平台引擎开发工具Unity 5（见图4-31）。

图4-31　Unity5引擎Logo

Unity 5包含大量新内容，例如整合了Enlighten即时光源系统以及带有物理特性的Shader，未来的作品将能呈现令人惊艳的高品质角色、环境、照明和效果。另外，由于采用全新的整合着色架构，可以即时从编辑器中预览光照贴图，提升Asset打包效率，还有一个针对音效设计师所开发的全新音源混音系统，能让开发者创造动态音乐和音效。在Unity 5版本发布时整合了Unity Cloud广告互享网路服务，让手机游戏可以交互推广彼此的广告。Unity 5还整合了WebGL发布，这样未来发布到网页的项目将不再需要安装播放器插件，为原本已经非常强大的多平台发布再添优势。

2019年，Unity发布了最新版本的Unity 2019，加入了超过283项新功能和改进内容，包括Burst编译器、轻量级渲染管线LWRP、Shader Graph着色器视图等多项脱离了预览阶段可用于正式制作的新功能。Unity 2019面向移动平台进行了大量改进，其中应用程序增量包更新功能，让开发者不必重新构建，便可在开发阶段更快速进行迭代。程序中加入了Adaptive Performance移动平台自适应性能功能（预览版），它提供关于热量趋势的数据，包括游戏在运行时是CPU绑定还是GPU绑定的信息，以便开发者进行调试，并改进常见移动游戏开发的工作流程。特定的VR/AR增强和改进将有助于开发人员进行沉浸式内容设计，这些包括VR支持Unity的高清晰度渲染管道（HDRP），AR开发方面Unity发布了一个名为AR Foundation的专用解决方案，现在ARKit和ARCore在支持人脸跟踪、2D图像跟踪、3D对象跟踪、环境探测等方面得到了很大改进。Unity 2019已经成为目前主流的综合性游戏制作引擎。

5.1 三维游戏场景元素模型的概念及分类

游戏场景元素是指在三维游戏制作中除主体建筑以外可用于游戏场景的其他三维模型，包括场景植物模型、山石模型以及各种场景道具模型等。在前面的章节中已经讲过，要制作一个系统的三维游戏场景，首先要创建场景的地图区块和地表，然后需要对其制作添加各种场景主体建筑模型，但这样只能形成一个大致的场景景观，缺乏层次、细节和真实感，所以之后还需要利用各种场景细节模型对其进行填充和丰富，这些模型我们将其统称为"游戏场景元素"。本章我们将针对三维游戏场景中常见的植物、山石以及场景道具等模型元素进行详细讲解。

5.1.1 三维植物模型

自然生态场景是三维游戏中的重要构成部分，游戏中的野外场景在大多数情况下就是在营造自然的环境氛围，除天空、远山这些在游戏中距离玩家较远的自然元素外，在地表生态环境中最主要的表现元素就是植物。植物模型可以解决野外场景过于空旷、缺少主体表现元素的弱点，同时野外地图场景中的植物模型还能够起到修饰场景色彩的作用。

在早期的三维游戏中，游戏场景基本设定在室内，很少有野外场景的出现，即使是野外场景也很难见到植物模型，只有在远景才会出现植物的影子，早期的三维技术还很难解决自然环境中植物模型的制作问题。在3D加速显卡出现后，伴随电脑硬件的支持，三维技术有了较大的进步和发展，这时的很多游戏都有野外场景的出现，同时也会看到越来越多的三维植物模型，但这些模型与现在相比仍然十分简陋，直到后期不透明贴图技术的出现，才从真正意义上解决了三维游戏中植物模型的制作问题（见图5-1）。

在如今的游戏研发领域中，植物模型的制作仍然是三维场景美术师需要不断研究的课题，在业内有一句行话叫："盖得好十座楼，不如插好一棵树。"由此便能看出植物模型的制作对于三维制作人员技术和能力的要求。在许多大型游戏制作公司的应聘考试中，制作植物模型成为经常涉及的选题，往往通过简单的"一棵树"就能够清楚地看出应聘者能力水平的高低。

图5-1　游戏场景中利用Alpha贴图技术制作的植物模型

要想将三维场景植物模型制作得生动自然，必须抓住植物模型的特点。对于场景植物模型来说，其特点主要从结构和形态两方面来看。所谓结构，主要指自然植物的共性结构特征；而形态就是指不同植物在不同环境下所表现出的独特生长姿态，只要抓住植物这两方面的特点，我们就能将自然界千姿万态的花草树木植入虚拟世界中。

我们以自然界中的树木为例来看植物的结构特征。图5-2左侧图中我们可以看出，树木作为自然界中的木本植物主要由两大部分构成：树干和树叶，而树干又可以细分为主干、枝干和根系。以树木所在的地平面为基点，向下延伸出植物的根系，向上延伸出植物的主干，随着主干的延伸逐渐细分出主枝干，主枝干继续延伸细分出更细的枝干，在这些枝干末端生长出树叶，这就是自然界中树木的基本结构特征。

（a）

（b）

图5-2　自然界中的树木与高精度树木模型

图5-2右侧图是一棵树木的高精度模型，从主干到枝干，包括每一片树叶都是多边形模型实体，显然这样的模型面数根本无法应用于游戏场景中，即使除去叶片只制作主干和枝干，这样的工作量也是无法完成的，何况游戏野外场景中要用到大量的植物模型，所以要利用多边形建模的方式来制作植物模型是不现实的。现在游戏场景中植物模型的主流制作方法是利用Alpha贴图来制作植物的枝干和叶片，在专业领域中我们称之为"插片法"，在后面的内容中我们再详细讲解插片法的制作流程。

植物形态就是指不同植物在不同环境下所表现出的独特生长姿态，例如就绿叶植物来说，温带地区和热带地区的植物在形态上有很大的区别；拿热带地区来说，生长在离水域近的植物与沙漠中的植物形态更是各异；而对于热带和寒带地区来说，不同区域植物的形态差异会更大。以上所说都属于区域植物间的形态差异，而对于同一地区甚至相邻的两棵植物可能都会具有各自的形态。作为三维游戏场景美术师，我们必须掌握植物的形态特征，只有这样才能让虚拟的植物模型散发出自然的生机。下面我们就来总结一下在三维游戏场景中常见植物模型的种类。

三维游戏场景中植物模型的种类	
普通树木，在自然场景中最为广泛应用的树木模型，可以根据不同风格的场景改变树叶的颜色，如红枫、银杏等（见图5-3）。	 图5-3 普通树木
花草植物，大量应用在地表模型上（见图5-4）。	 图5-4 花草植物

续表

三维游戏场景中植物模型的种类	
灌木，与花草模型穿插使用，也可作为地表低矮植物模型（见图5-5）。	 图5-5 灌木
松树，应用在高原或高山场景中（见图5-6）。	 图5-6 松树
竹子，特殊植物，主要用于大面积竹林的制作（见图5-7）。	 图5-7 竹子
柳树，多用于江南场景的制作中（见图5-8）。	 图5-8 柳树

续表

三维游戏场景中植物模型的种类	
花树，在野外场景中与普通树木穿插使用，也可以用来制作大面积的花树林，在游戏中较常见的是桃花、梅花等（见图5-9）。	 图5-9　花树
热带植物，多用于热带场景的制作，主要为棕榈科的植物（见图5-10）。	 图5-10　热带植物
巨型树木，通常在标志性场景或独立场景中作为场景主体（见图5-11）。	 图5-11　巨型树木
沙漠植物，用于沙漠场景中，常见的为仙人掌、骆驼刺等（见图5-12）。	 图5-12　沙漠植物

续表

三维游戏场景中植物模型的种类	
雪景植物，覆雪场景中使用的植物模型，主要以雪松为主（见图5-13）。	 图5-13　雪景植物
枯木，多用于荒凉场景或恐怖场景中（见图5-14）。	 图5-14　枯木

5.1.2　三维山石模型

　　游戏场景中的山石实际上包含两个概念——山和石，山是指游戏场景中的山体模型，石是指游戏场景中独立存在的岩石模型。游戏场景中的山石模型在整个三维游戏场景设计和制作范畴中是极为重要的一个门类和课题，尤其是在游戏野外场景的制作中，山石模型更是发挥着重要的作用，它与三维植物模型一样都属于野外场景的常见模型元素。

　　图5-15中远处的高山就是山体模型，而近景处的则是我们所指的岩石模型。山体模型在大多数游戏场景中分为两类：一类是作为场景中的远景模型，与引擎编辑器中的地表配合使用，作为整个场景的地形山脉而存在，这类山体模型通常不会与玩家发生互动关系，简单地说就是玩家不可攀登。另一类则恰恰相反，需要建立与玩家间的互动关系，此时的山体模型在某种意义上也充当了地表的作用，这两类山体模型并不是对立存在，往往需要相互配合使用，才能让游戏场景达到更加完整的效果。

图5-15 游戏场景中的山体和岩石模型

　　游戏场景中的岩石模型也可以分为两类：一类是自然场景中的天然岩石模型；另一类是经过人工处理的岩石模型，比如石雕、石刻、雕塑等。前者主要用于游戏野外场景当中，后者多用于建筑场景当中。其实从模型作用效果来看，游戏场景岩石模型也属于游戏场景道具模型的范畴，只不过形式和门类比较特殊，所以我们将其单独分类来学习。

　　山石模型在游戏场景中相对于建筑模型和植物模型来说可能并不起眼，有时甚至只会存在于边边角落，但山石模型对于游戏场景整体氛围的烘托功不可没，尤其在游戏野外场景中，一块岩石的制作水平甚至摆放位置都能直接决定场景真实性的表现。下面我们针对游戏场景中常用的山石模型结合图片进行分类介绍。

　　（1）用于构建场景地形的远景山体模型（见图5-16）。

图5-16 远景山体模型

（2）作为另类地表的交互山体模型（见图5-17）。

图5-17　交互山体模型

（3）野外场景中散布在地表地图中的单体或成组岩石模型（见图5-18）。

图5-18　单体岩石模型

（4）用于城市或园林建筑群中的假山观赏石模型（见图5-19）。

图5-19 园林假山模型

(5) 带有特殊雕刻的场景装饰岩石模型(见图5-20)。

图5-20 雕刻岩石模型

(6) 岩石模型还有一个特殊应用,就是被用来制作洞窟、地穴等场景,由于这些场景的特点决定了场景整体都要用岩石模型来制作,很多游戏大型的地下城与副本都是通过这种形式来表现(见图5-21)。

图5-21 利用岩石模型制作的洞穴场景

5.1.3 三维场景道具模型

场景道具模型是指在游戏场景中用于辅助装饰场景的独立模型物件，场景道具模型是构成游戏场景最基本的美术元素之一。比如室内场景中的桌椅板凳、大型城市场景中的雕塑、道边护栏、照明灯具、美化装饰等，这些都属于游戏场景道具模型。场景道具模型的特点是小巧精致、带有设计感，并且可以不断复制，循环利用。

场景道具模型在游戏场景中虽然不能作为场景主体模型，却发挥着不可或缺的作用。比如，当我们制作一个酒馆或驿站的场景，就必须为其搭配制作相关的桌椅板凳等场景道具；再如，当我们制作一个城市场景，花坛、路灯、雕塑、护栏等也是必不可少的。在场景制作中添加适当的场景道具模型，不仅可以增加场景整体的精细程度，而且可以让场景变得更加真实自然，符合历史和人文的特征（见图5-22）。

图5-22 细节丰富的游戏场景道具模型

由于场景道具模型通常要大面积复制使用，为了降低硬件负担，增加游戏整体的流畅度，场景道具模型必须在保证结构的基础上尽可能降低模型面数，结构细节主要通过贴图来表现，这样才能保证模型在游戏场景中被充分利用。

5.2 游戏场景植物模型实例制作

在进行实例制作之前，我们先要来了解Alpha贴图的概念，所谓的Alpha贴图也叫作OpacityMap（不透明度贴图），是指图片文件的通道信息中除了CMYK四色通道以外还存在Alpha黑白通道的图片，Alpha黑白通道通常是勾勒出图片中主体图像的外部轮廓剪影，然后可以通过程序计算实现镂空的效果，这也就是我们通常所说的"镂空贴图"。

Alpha贴图在游戏制作中的应用范围极其广泛，在建筑模型制作中为了节省模型面数，经常用Alpha贴图来制作栏杆、围栏、篱笆等，还有游戏中的水体贴图、粒子特效贴图等也都是利用的Alpha贴图，而场景植物模型中的枝叶、花草等更是必须应用Alpha贴图来实现，下面我们简单介绍一下植物模型Alpha贴图的制作方法。

通常我们在Photoshop中绘制植物贴图前，需要在背景图层上新建一个图层，在新建的图层中首先绘制植物细节枝干的部分，然后创建一个新的图层来绘制植物的树叶部分，最后按住Ctrl键来点选树枝和树叶两个图层，随即在通道面板中创建出图片的Alpha通道。之后我们可以根据游戏引擎的要求将其保存为.TGA或者.DDS格式的图片文件（见图5-23）。

图5-23 植物模型的Alpha贴图

3D游戏场景植物模型主要用"插片法"来制作，所谓的插片法就是为避免产生过多模型面数，用Alpha贴图来制作植物枝干和叶片的方法。首先需要在Photoshop中制作出贴图的Alpha通道，并储存为带有通道的不透明贴图格式，然后将贴图添加到3ds Max的材质球上，分别需要指定到材质球的Diffuse和Opacity通道中。如果想在3ds Max的视图中看到镂空效果，则需要进入Opacity通道，将Mono Channel Output选项设置为Alpha模式，将材质球添加到Plane面片模型上就会看到不透明贴图的效果了，这样当Plane模型面对摄像机的时候就会模拟出非常好的植物叶片效果（见图5-24）。

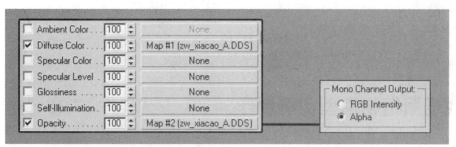

图5-24　在3ds Max中添加显示Alpha贴图

在实际的三维游戏当中，玩家可以从任意视角观察模型，所以当摄像机转到Plane侧面的时候就会出现"穿帮"现象，这就是插片法需要解决的问题。图5-25左侧就是带有通道的植物贴图，为了解决"穿帮"的问题，我们可以将Plane模型按中轴线旋转复制，并与原来的Plane模型呈90°摆放，同时制作为双面效果，这样无论摄像机从哪个角度观看都不会出现之前那样的"穿帮"现象，这就是在三维场景植物制作中常用的"十字插片法"。十字插片法是三维游戏雏形时期用来制作树木的主要方法，但如果将这样的植物模型大面积用在游戏场景中，尤其是近景区域，那整体效果将会十分粗糙。所以现在的三维游戏制作中，类似这样的植物模型通常用于玩家无法靠近的远景区域，或者是用来制作地表的花草植被、低矮灌木等。

图5-25　十字插片法

虽然我们无法利用一组十字插片的Plane模型来作为树木模型，但利用这种原理却延伸出了当今三维游戏树木植物制作的基本方法，我们可以绘制一组树木枝干连同树叶的Alpha贴图，将其添加到Plane模型上，并制作成一组十字插片，然后就可以将这组十字插片复制、穿插到树木主干上，通过旋转、缩放、复制等操作最终就制作出了完整的树木模型，如图5-26所示。

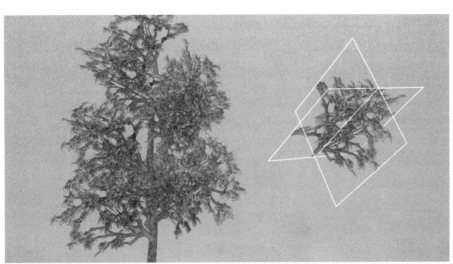

图5-26 利用十字插片法制作树木枝叶

对于3D游戏场景中树木模型的制作要注意三点：（1）要严格控制模型面数，因为树木模型要在场景中大面积使用，必须尽可能地节省资源；（2）树木模型的形态不能制作过于夸张，要保证其普通的特性，模型枝干和叶片要均匀制作，可以通过旋转不同的角度来使用；（3）模型的Alpha贴图要能够随时替换，这样可以通过替换贴图来快速制作出新的树木模型。另外，Alpha贴图绘制得越精细、真实，通道镂空越精确，最后整体的叶片效果就会越好。植物贴图的绘制需要在日常的制作中不断练习，下面通过实例制作来具体讲解如何利用插片法制作3D游戏场景植物模型。

下面我们来制作一个3D游戏场景中的花草植物模型。首先，打开3ds Max软件，在视图中创建一个Plane面片模型，然后向材质球中添加一个带有Alpha通道的绿草贴图，并将其添加到Plane模型上，效果如图5-27所示。

图5-27 为Plane模型添加Alpha贴图

接下来选中Plane模型，单击视图右侧的Hierarchy面板，通过Affect Pivot Only按钮激活模型的轴心点，将其向一侧移动（见图5-28）。然后关闭Affect Pivot Only按钮，选中Plane模型，按住Shift键将模型进行旋转复制，将其互相围绕成三角形结构（见图5-29）。

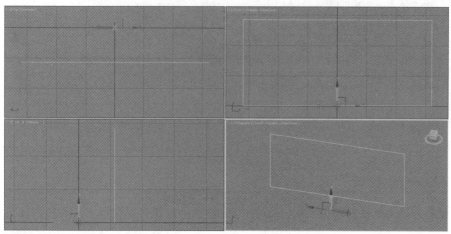

图5-28　调整轴心点

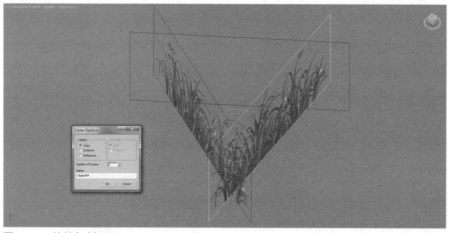

图5-29　旋转复制

对于地表上单棵的花草植物一般会利用十字插片法进行制作，而对于连成片的草丛我们通常利用上面的方法进行制作，这样基本形成了一个从任何侧面角度观看都不会"穿帮"的模型结构。当然仅仅这样做还是不够的，下面还要对其进行细化处理。

在三个Plane模型围成的三角形正中间创建一个八边形圆柱体模型（见图5-30），将其塌陷为可编辑的多边形，首先删除模型顶面和底面，然后进入点层级调整相应顶点，利用缩放命令将模型顶部制作成喇叭口形状（见图5-31）。同时为其添加与Plane相同的Alpha贴图，由于圆柱体自带贴图坐标，所以这里只需要进入UV编辑器调整UV网格即可。接下来为了制作细节效果，将编辑完成的圆柱体模型复制一份，利用缩放命令向内收缩调整，形成内部的花草层次细节（见图5-32）。

图5-30 创建八边形圆柱体模型

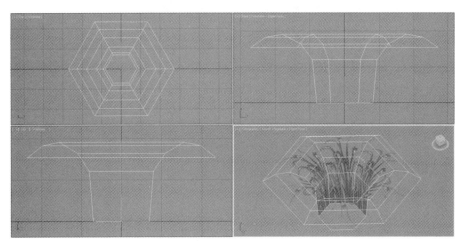

图5-31 编辑模型

图5-32 复制模型制作层次细节

利用八边形圆柱体模型编辑制作花的茎部结构。由于模型较细，为了减少模型面数，这里将八边形圆柱体边数设定为3，茎的顶部可以将模型顶点全部焊接为一个点（见图5-33）。

图5-33　制作茎部

接下来利用十字面片Plane模型制作茎部上方的花（见图5-34），这里就是典型的十字插片法的应用，花的贴图也是Alpha贴图，效果如图5-35所示。

图5-34　制作十字面片

这样模型就基本制作完成了，但这时的模型都是单面的，没有双面效果，下面来讲一下双面模型的制作方法。植物模型制作完成以后，在导入游戏引擎编辑器之前，三维美术师必须在3ds Max中将植物带有Alpha贴图的模型部分处理成双面效果。最简单的方法就是选中材质球设置当中的2-Sided复选框（见图5-36左侧），这样贴图材质就有双面效果，虽然现在大多数的游戏引擎也支持这种设置，但这是一种不可取的方法，主要是因为这种方式会大大加重游戏引擎和硬件的负载，在游戏公司实际项目制作中不提倡这种做法。

图5-35 添加花贴图后的效果

正确的做法是：选择植物叶片模型，按快捷键Ctrl+V原位置复制（Copy）一份模型，然后在堆栈命令列表中为新复制出的模型执行Normal（法线）命令，将新复制的模型法线进行翻转，这样就形成了无缝相交的双面模型效果，如图5-36右侧所示。虽然这种方法增加了模型面数，但是并没有给引擎和硬件增加多少负担，这也是当下游戏制作领域中最为通用的双面模型效果的制作方法。

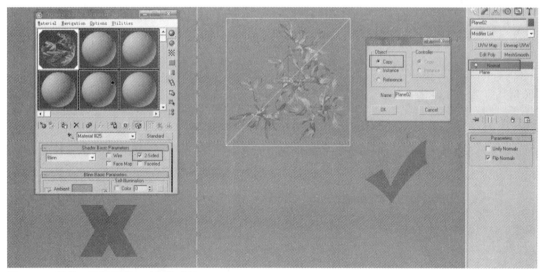

图5-36 植物双面效果的正确制作方法

我们在视图中将制作完成的花草植物模型进行穿插复制摆放，利用旋转和缩放命令进行调整，让整体模型更加自然，这样可以模拟游戏引擎中实际场景的效果，如图5-37所示。

图5-37　最终完成的效果

下面我们利用十字插片法来制作更为复杂的树木植物模型。制作树木通常首先制作树干部分，然后再利用十字插片法制作树叶部分，树干的制作又包括主干、枝干以及树根等模型结构的制作。

首先，在3ds Max视图中创建一个圆柱体模型，将其作为树干的基础模型，圆柱体的边数和分段数设置没有太多要求，因为后面都要通过编辑多边形命令来进一步制作和编辑（见图5-38）。然后需要将模型塌陷转换为可编辑的多边形，在点层级下进行编辑，将圆柱体调整为弯曲的树干结构（见图5-39）。

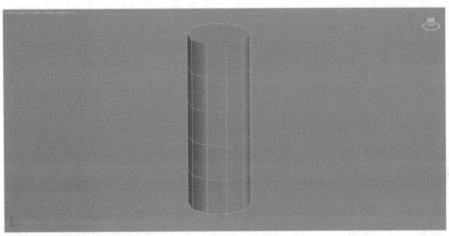

图5-38　创建圆柱体模型

通常树干的自然生长规律都是越近末端越细，所以这里要利用缩放命令对模型顶点进行编辑，同时利用面层级下的挤出命令完成整个主干模型的制作（见图5-40）。

接下来制作树木的枝干模型，与主干模型的制作方法基本相同，都是利用圆柱体模型作为基础模型进行多边形编辑，通常将圆柱体设置为6或8边比较合适。然后适当调整弯曲程度，使枝干模型更加自然（见图5-41）。

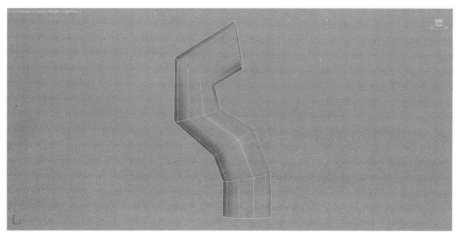

图5-39 弯曲编辑模型

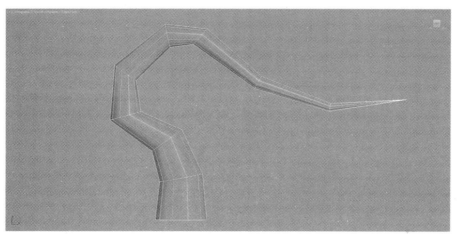

图5-40 制作主干模型

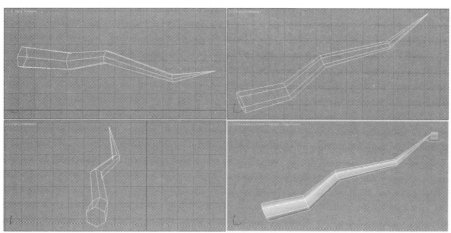

图5-41 利用圆柱体制作枝干模型

通常枝干模型不需要制作很多，制作三种不同形态基本就足够用了，因为在实际拼接的过程中，可以通过旋转、缩放等命令让同一枝干模型表现出不同形态的效果，甚至说只制作一个枝干模型也能表现树枝的千姿百态。接下来需要将枝干拼接到主干模型上，这里没有什么固定的制作方式，尽量使树枝自然生动就可以（见图5-42）。然后要通过四视图观察各个角度的模型效果，尽量不留死角。

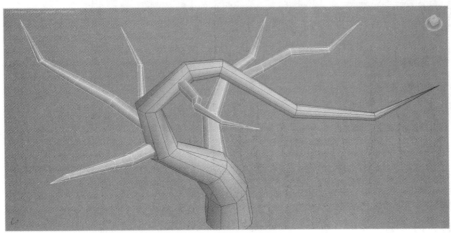

图5-42　拼接枝干模型

接下来需要在主干模型根部制作添加一些细节结构，利用多边形边层级下Cut命令切割出新的边线和分段，制作出主干上的凹陷模型结构（见图5-43）。然后进入面层级选择根部的两个多边形面，利用Extrude命令挤出模型面，制作树根的模型结构，同时要不断调整顶点，使树根结构更加自然生动（见图5-44和图5-45）。

利用相同方法制作出其他的树根模型。要注意为了节省模型面数将树根间多余的顶点进行焊接，图5-46为制作完成的树根模型效果。图5-47为制作完成的主体树干模型效果。

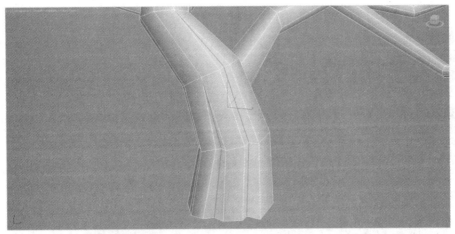

图5-43　制作主干根部细节结构

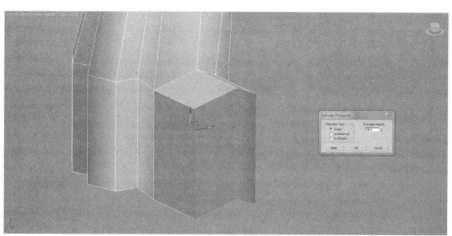

图5-44 利用Extrude命令挤出模型面

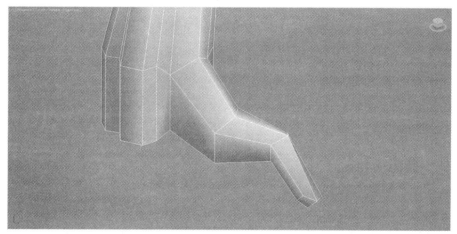

图5-45 进一步编辑树根模型

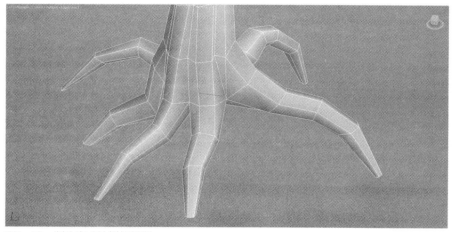

图5-46 制作完成的树根模型

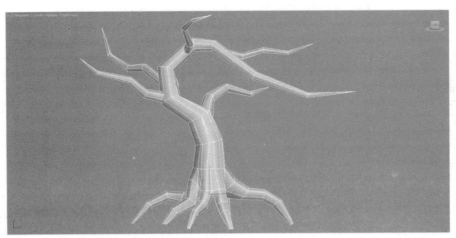

图5-47 制作完成的主体树干模型

接下来需要为树干模型添加贴图。由于主干和枝干都是由圆柱体模型编辑而成，所以模型自带圆柱体的贴图坐标映射，这部分模型的UV基本不需要过多调整。需要额外注意的是树根部分的模型UV，这里我们可以在面层级下单独选择一条树根模型，对其添加Unwrap UVW修改器，然后选择圆柱体贴图坐标映射方式，再利用Pelt命令对其进行平展和细节调整，最后逐一完成其他树根模型的UV平展（见图5-48）。制作完成后树根顶部与主干下端相衔接的部分会出现贴图相交的边缝，但其实不用过多担心，由于树皮采用四方连续贴图，所以接缝并不会特别明显（见图5-49）。

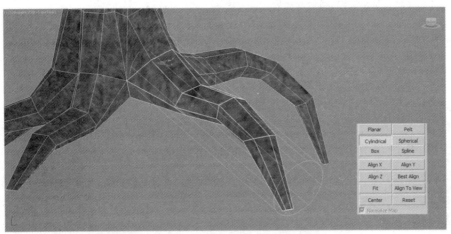

图5-48 树根UV的平展

接下来制作树叶部分。首先制作十字面片模型，将两个Plane模型相互垂直交叉，具体制作方法前面已经讲解过了。然后为其添加Alpha树枝和树叶贴图，这里我们采用四种不同形态的枝叶贴图，可以使整体效果更加生动自然（见图5-50）。

将十字面片树枝贴图根部穿插在树干上，首先从树梢开始（见图5-51），可以通过旋转、缩放命令调整十字面片的形态，让其富有多样性变化，沿着树干逐渐复制十字面片，让其布满整个树干区域（见图5-52）。

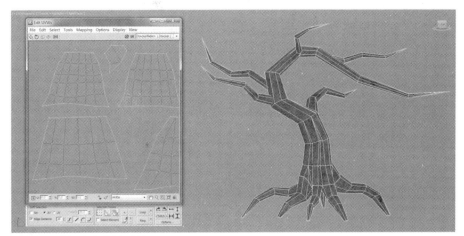

图5-49　树干添加树皮贴图

图5-50　制作十字面片模型

图5-51　将十字面片穿插在树干上

图5-52 让十字面片布满树干

　　插片的方法并不复杂，关键是要让十字面片与树干结合得自然，同时密布整个树木。在插片的时候要时刻观察四视图，及时调整面片的位置，保证面片模型在各个视角中的形态美观，同时尽量减少十字面片之间的穿插。图5-53为最后完成的树木模型效果，整个树木模型一共用了不到1000个多边形面，完全符合三维游戏场景的制作要求。

图5-53 最后完成的树木模型效果

　　其实制作树木模型还有另一种插片方法，我们可以将一个Plane片面模型的横竖分段设置为2，也就是"田字片"，然后将"田"的中心顶点拉伸制作为凸起状，这样Plane模型从侧面观察也会有厚度的效果，避免了"穿帮"的情况（见图5-54）。

　　图5-55是一棵桃树植物模型，当我们制作完成树干后开始进行插片，这时就可以利用田字片来进行制作，将枝干、树叶和花全部绘制在Alpha贴图上，然后将田字片插接在桃树的主干模型上。图5-56为插片完成的顶视图效果，用这种方法即使用很少的面片模型也能制作出非常好的树叶效果。与十字片不同的是，这种插片方法对于贴图绘制的要求更高，因为田字片通常比较大，需要贴图的尺寸更大，细节更多。

图5-54 制作田字片

图5-55 利用田字片进行插片

图5-56 插片顶视图效果

此外，一些特殊的植物模型也都可以利用插片法来制作，比如竹子模型。竹子在游戏场景中无法单独使用，通常是制作成片的竹林整体模型。单棵竹子的模型结构十分简单，主要由竹竿和竹叶两部分组成，竹竿通常为细长的四边形或五边形圆柱体模型，竹叶面片可以利用十字插片法来制作。竹叶Alpha贴图与柳树以及花树的不透明贴图基本类似，都是将细枝和叶片绘制在贴图上，然后通过十字片Plane模型来进行插片制作，通常利用十字插片法制作的竹子枝叶都是向上生长的姿态（见图5-57）。

除了十字插片法外竹子模型也可以用田字片来制作，模型整体忽略了细枝的部分，Alpha贴图只需要绘制竹叶，然后通过田字片将树叶层层分布叠加，这样同样可以制作出生动自然的竹子模型（见图5-58）。

图5-57　十字插片法制作竹子模型

图5-58　田字片制作竹子模型

5.3 游戏场景山石模型实例制作

岩石模型要想制作到位，必须紧紧抓住石头形态和纹理两方面的特征，形态是针对模型来说，而纹理则是指模型贴图。自然界中的岩石千姿百态，那是不是可以利用这种自然的特点来任意制作岩石模型呢？答案是否定的。在三维游戏场景美术制作中"自然"不等于"随意"，尤其对于岩石模型的制作来说，不仅要抓住其自然性，更要保证模型美观的视觉效果。

图5-59中的三块岩石模型，左侧的模型虽然细节丰富，但整体过于刻板，缺少岩石的自然形态特征；中间的模型虽然形态自然，但造型过于独特且缺少细节，很难在游戏场景中大面积使用；右侧的模型形态生动自然、细节丰富，又没有过于显眼的特殊造型，适合在游戏场景中复制使用。

图5-59 三种不同形态的岩石模型

通过上面的对比，我们来总结一下场景岩石模型在制作时需要注意的几个方面：（1）岩石形态要生动自然且具有美观性；（2）岩石整体造型要匀称，具有体量感，同时外形不宜过于特殊；（3）在保证以上两点的前提下，权衡把握模型面数与制作细节之间最佳平衡点。图5-60中的岩石模型可以作为这三点总结的范例参考，岩石造型生动美观、体量感强，尽量利用贴图来增加细节纹理。

岩石模型的制作也是通过几何模型的多边形编辑完成的，相对于植物模型、建筑模型、场景道具模型，可能岩石模型的制作过程最为简单，所以在模型多边形编辑制作的部分没有太多需要讲解的，在这里只针对岩石模型制作中的一些小技巧来讲解说明。下面我们先来制作一个基础的岩石模型。

首先在3ds Max视图中创建一个BOX基础几何体模型，并设置好合适的分段数（见图5-61）。将BOX模型塌陷为可编辑的多边形，进入点层级模式，利用3ds Max的正视图调整模型的外轮廓，形成岩石的基本外形（见图5-62）。

图5-60 适合游戏场景使用的岩石模型

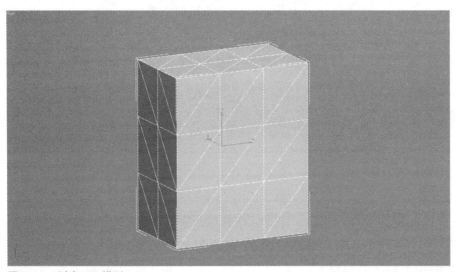

图5-61 创建BOX模型

在点层级下进一步编辑调整,同时利用Cut等命令在合适的位置添加边线,让岩石模型整体区域圆润,形成体量感(见图5-63)。接下来需要制作岩石表面的模型细节,利用Cut命令添加划分边线,然后利用面层级下的Bevel或者Extrude命令制作出岩石外表面的突出结构,这样的结构可以根据岩石形态多制作几个(见图5-64)。图5-65就是最终完成的岩石模型,可以通过四视图观察其整体形态结构,整体模型用面非常简练,像这种基础的单体岩石模型在实际项目制作中通常控制在100面左右。

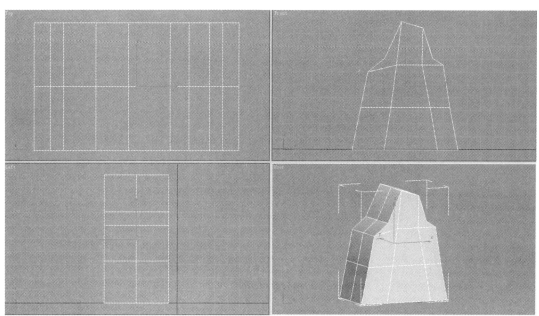

图5-62 编辑多边形模型外轮廓

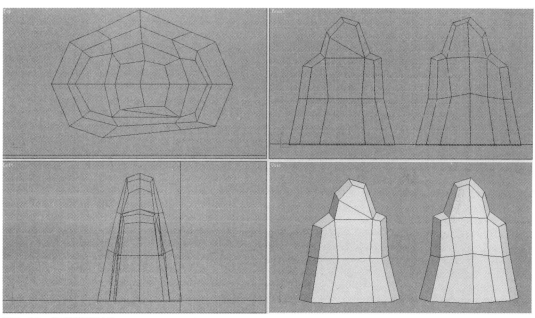

图5-63 调整模型结构

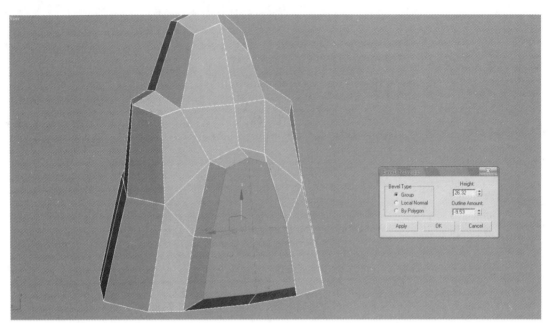

图5-64 制作岩石模型结构

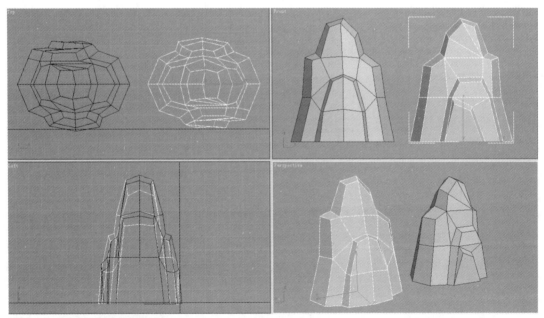

图5-65 制作完成的岩石模型

　　初步制作出来的岩石模型一般来说是没有设置光滑组的，这里就出现一个问题，如果将这样的模型添加贴图后直接导入游戏中会出现光影投射问题，尤其是模型多边形面与面之间的边线会有严重的锯齿感，影响整体效果，如图5-66所示。

图5-66 游戏中的岩石模型问题

如果要解决这个问题,就必须对岩石模型进行光滑组设置,我们在多边形编辑模型下进入面层级,选择所有的多边形表面并将其设置为统一的光滑组编号,这样就解决了模型导入游戏后的光影投射问题。但新的问题也随之产生,统一光滑组的设置会使岩石模型整体过于圆滑,同时也会让之前制作的模型细节结构失去立体感,解决的方法有以下两种。

第一种方法是通过修改模型来实现,如图5-67所示,左侧是统一设置光滑组后的模型,整体缺少立体感,我们可以选择模型突出结构的转折边线,利用Chamfer边倒角命令将转折边线制作为"双线"结构,这样即使是在统一的光滑组下模型结构也会十分立体,效果如图5-67中右侧所示。

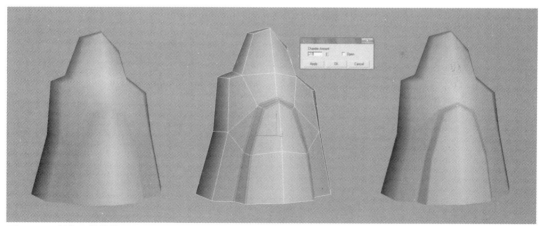

图5-67 制作双线结构

以上这种方法在游戏场景山石模型的制作中被称为"双线勾勒法",这种方法有个最大的优点,那就是统一光滑组下的模型既保持了实际游戏中良好的光影投射效果,同时也突出了自身结构的立体感和体量感;缺点是会增加模型面数。不过想要制作结构十分复杂并且凹凸感强的山石模型，这是最为有效的制作手段（见图5-68）。在次世代游戏场景的制作中，这种方法尤为常用。

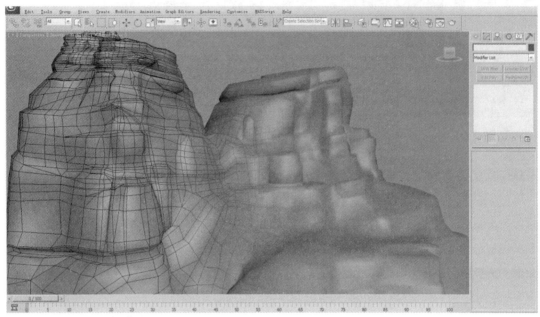

图5-68　利用双线勾勒法制作复杂的山体模型

除了双线勾勒法还有一种方法，是通过设置光滑组来实现，可以通过对岩石模型的不同结构设置不同的光滑组，让细节结构更加分明、突出（见图5-69）。这个方法存在一个缺点，那就是在某些情况下仍然会出现光影投射问题，所以在实际游戏项目制作中是选择双线勾勒法还是设置光滑组，需要根据游戏对于模型面数和整体效果的要求来权衡。

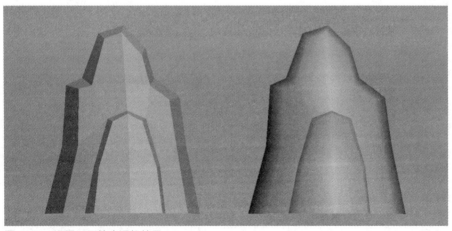

图5-69　设置不同的光滑组效果

随着3D游戏制作技术的发展，在进入"游戏引擎时代"以后，游戏引擎编辑器可以帮助我们制作出地形和山脉的效果，除此之外，水面、天空、大气、光效等很难利用三维软件制作的元素都可以通过游戏引擎来完成，如今80%的游戏场景工作任务都是通过引擎地图编辑器来整合实现的。

但是引擎地图编辑器制作的地形山脉也存在弱点，利用引擎地图编辑器制作山脉的原理是将地表平面进行垂直拉高形成突出的山体效果，这种拉高的操作如果与相邻地表高度差过大，就会出现地表贴图拉伸撕裂严重的现象，所以地形山脉只能用来制作连绵起伏的高山效果，也就是游戏中经常看到的远景山脉。但是在实际游戏中我们有时会需要近景的高山效果，尤其是仰视高耸入云的山体效果是无法通过引擎地图编辑器来实现的，那么就需要利用三维软件来制作山体模型（见图5-70）。

图5-70 利用三维软件制作的远景高山模型

对于基本山体模型的制作，其实制作原理非常简单，就是将单体岩石模型利用移动、旋转、缩放、复制等操作进行排列组合，最后形成成组的山体模型效果。如图5-71所示，图片左侧是山体模型的实际效果，右侧就是单体岩石模型排列组合的线框图，这种山体模型的构建方法我们称为"组合式"山体模型。

游戏场景山石模型要想制作得真实自然，40%是靠模型来完成，而剩下60%则要靠模型贴图来完善。模型仅仅是创造出了石头的基本形态，其中的细节和质感必须通过贴图来表现，现在大多数游戏项目制作中对于山石模型贴图最为常用的类型就是四方连续贴图，所谓四方连续贴图就是指在3ds Max UVW贴图坐标系统中，贴图在上下左右四个方向上可以实现无缝对接，从而达到可以无限延展的贴图效果。关于连续贴图的知识已经在前面的章节中进行过详细讲解,这里不再过多涉及,下面我们来了解一下游戏场景山石模型的基本贴图技巧。

图5-72中是一块制作完成的岩石模型,我们为其添加一张四方连续的石质纹理贴图,然后选中模型,在堆栈命令窗口中为其添加UVW Mapping修改器,选择合适的贴图投射类型,这里我们选择Planar(平面)方式,这样贴图纹理就基本平展在了模型上。

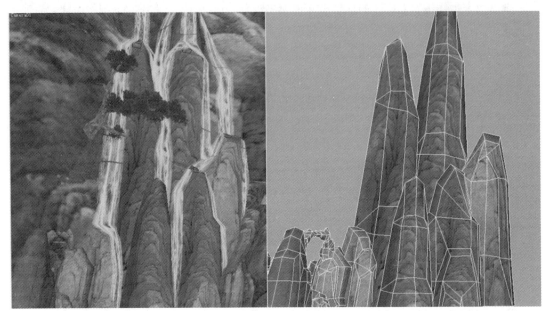

图5-71 山体模型的制作

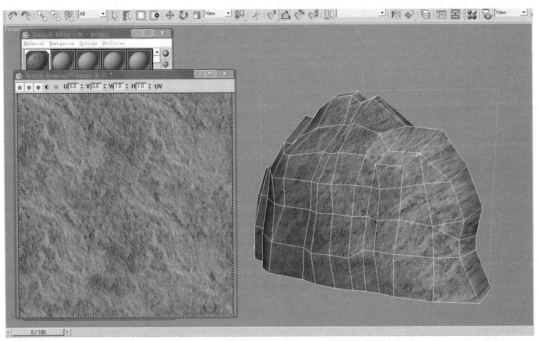

图5-72 添加UVW Mapping修改器

接下来我们需要调整一下石头中间有贴图拉伸的UV网格，在堆栈窗口中为其添加Unwrap UVW修改器，在UVW编辑器中简单调整模型中间部分的UV网格点线，由于岩石纹理自然的特点，无须将其UV网格完全仔细地平展，这样就完成岩石模型贴图的添加过程（见图5-73）。以上介绍的方法是现在大多数写实类游戏中常用的山石贴图方法，优点是可以利用四方连续的贴图特点随意调整模型细节纹理的大小比例，一张图片就可以完成所有大小不同的山石模型的贴图任务。

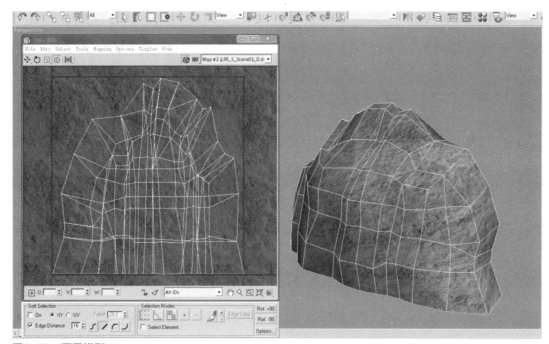

图5-73　平展模型UV

对于游戏场景中一些大型或者特殊的山石模型，如果要利用上面的方法来制作，还必须将UV网格根据岩石的结构进行更细致的拆分，然后利用大尺寸贴图对细节进行详细的刻画绘制。如图5-74中的山石模型，制作的方法更类似于游戏角色贴图的制作方法，优点是可以充分地表现出山石模型的结构特点和纹理细节，制作出生动自然且独一无二的山石模型；缺点就是随着项目进度的深入，伴随越来越多的模型产生过多的贴图资源，增加了游戏引擎的负担，所以在大型游戏项目的研发中，这并不是最为通用的山石模型贴图的制作方法。

对于山石模型的制作，大家要在平时的学习中善于参照自然景物照片进行模型制作练习，另外，还要熟练掌握山石模型贴图的绘制和处理方法。

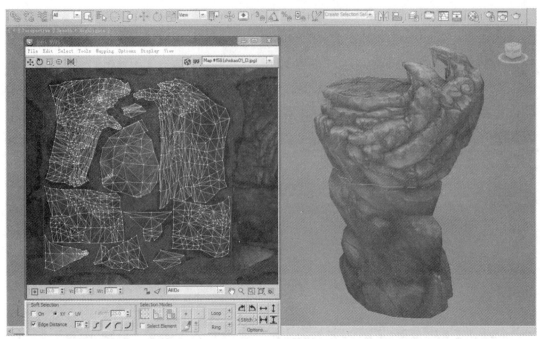

图5-74 结构面数复杂的岩石模型

5.4 游戏场景道具模型实例制作

对于游戏场景道具模型来说，在实际项目制作中通常根据模型的体量大小分为两类：一类是应用于野外游戏场景和场景建筑中的，这类场景道具模型相对体量较大，如路灯、影壁、雕塑等。还有一类多应用于室内场景中，如桌椅板凳、笔墨纸砚、瓶碗碟盏等，这类道具模型体量较小，主要为了丰富细节氛围。一般来说体量大的场景道具模型用面要多，但两种场景道具模型都可以通过模型和贴图的合理应用在制作中更加精致。本节我们通过两种香炉模型来学习不同类型场景道具模型的制作方法。

下面我们先来制作一个游戏场景中用于桌面摆放的小香炉模型，在现实场景中这类香炉尺寸大约为30厘米，由于体量小，所以在制作中可以适当减少模型用面，后期主要通过贴图进行细节表现。首先制作主体模型，在3ds Max视图中创建十二边形圆柱体模型，设置合适的分段数，作为多边形编辑的基础模型（见图5-75）。

将圆柱体模型塌陷为可编辑的多边形，利用缩放命令调整模型顶点，制作出香炉的底座结构（见图5-76）。删除模型的顶面和底面，进入多边形边缘层级，选中模型顶部边线轮廓，按住Shift键向上拖曳，复制出新的模型面（见图5-77）。利用同样的方法继续制作香炉中部结构模型（见图5-78）。

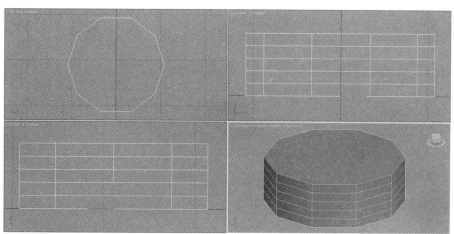

图5-75 创建圆柱体基础模型

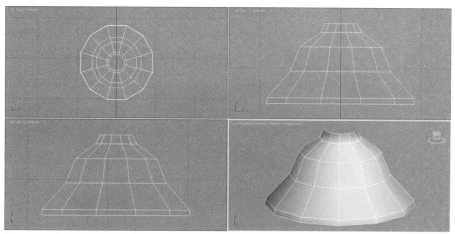

图5-76 制作香炉底座结构

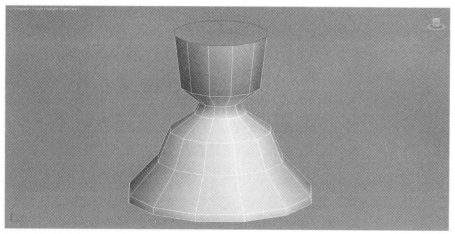

图5-77 拖曳复制模型面

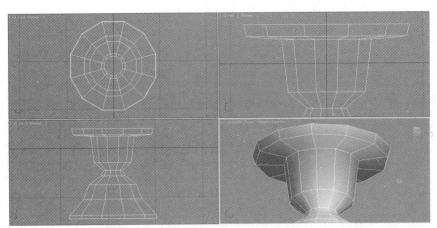

图5-78 制作中部结构

接下来制作香炉的肚身模型结构，要注意侧面模型弧度的结构处理（见图5-79）。然后制作香炉的上部边缘结构模型，之后要与炉盖进行衔接（见图5-80）。

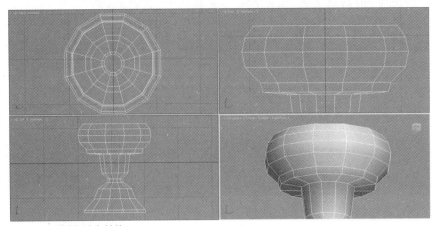

图5-79 制作肚身结构

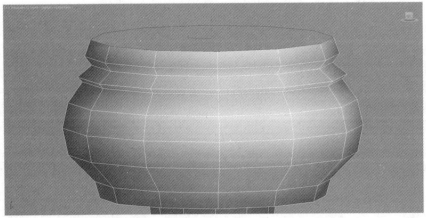

图5-80 制作上边缘结构

接下来制作炉盖结构模型，同样可以利用圆柱体模型进行编辑制作，炉盖顶部要进行收缩（见图5-81）。然后将炉盖与炉身顶部对齐，调整好模型的衔接部分，让其基本无缝对接（见图5-82）。

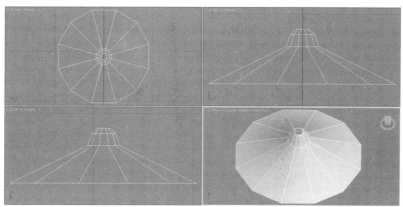

图5-81 制作炉盖结构

图5-82 将炉盖与炉身顶部对齐

最后在炉盖顶部添加球形装饰，这样香炉模型部分就基本制作完成了（见图5-83）。

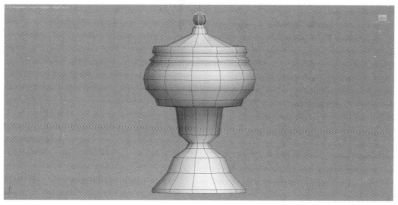

图5-83 添加球形装饰

由于香炉是由圆柱体模型制作而成，所以自身存在圆柱体的UV结构，我们可以选择利用二方连续的方式绘制模型贴图，但由于模型存在较多结构的收缩，如果利用连续贴图，最终贴图的扭曲会比较严重，所以这里我们选择另一种UV分展方式。

模型为十二边圆柱体结构，我们可以将其按照圆轴分为四部分对称区域，也就是将三边作为一个整体将其UV进行分展，后期将这部分UV绘制二方连续贴图，之后通过旋转、复制就可以完成整个模型的制作。这是对于中心对称模型拆分UV的常用方法。

进入多边形面层级，选中模型三边上下所有的模型面，然后通过反选选择（快捷键Ctrl+I）删除其余所有的模型面（见图5-84）。接下来将剩余模型面的UV进行拆分和平展，将贴图UV两侧边缘进行无缝处理（见图5-85）。图5-86为绘制完成的贴图效果。

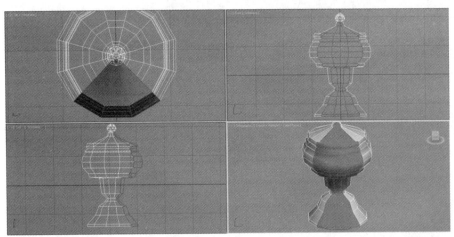

图5-84　选择模型面

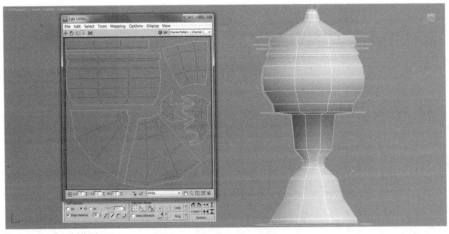

图5-85　拆分模型UV

图5-86 绘制完成的贴图效果

将贴图添加到模型上,通过旋转、复制完成整个模型的制作,然后通过点层级下的Weld命令将接缝处的顶点进行焊接,图5-87为模型最终完成的效果。

图5-87 模型最终效果

对于体量小的场景道具模型来说,模型的制作还是相对简单的,更多是通过后期UV和贴图来表现模型细节,而对于大型场景所应用的道具模型则更多是通过增加模型结构来体现道具的细节和复杂化。下面我们就来制作一个体量更大、结构更为复杂的香炉场景道具模型。

首先,在3ds Max视图中创建一个BOX模型,将分段数全都设置为2(见图5-88)。将BOX塌陷为可编辑的多边形,在面层级下选中模型顶部的面,利用Bevel命令进行倒角处理(见图5-89)。然后在面层级下利用Extrude命令将模型面挤出,利用Inset和Bevel命令制作出顶部结构,如图5-90所示。

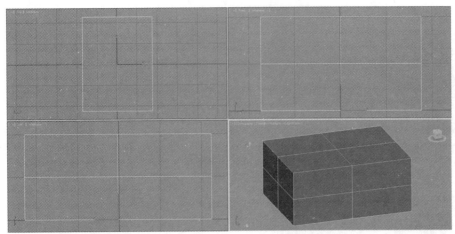

图5-88 创建BOX模型

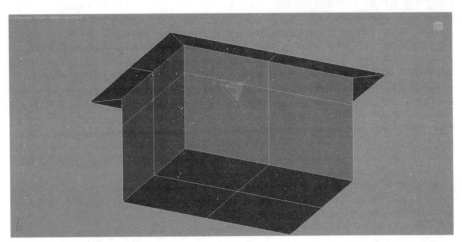

图5-89 倒角处理

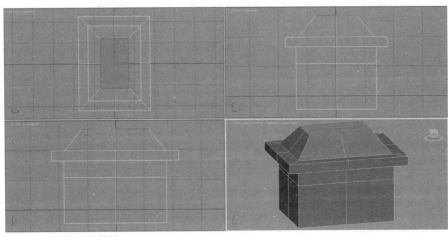

图5-90 制作顶部结构

香炉的炉身主体就基本制作完成了,下面开始制作香炉腿部结构。切换到3ds Max正视图，打开创建面板下的样条线窗口，利用Line命令开始绘制模型的轮廓结构（见图5-91）。

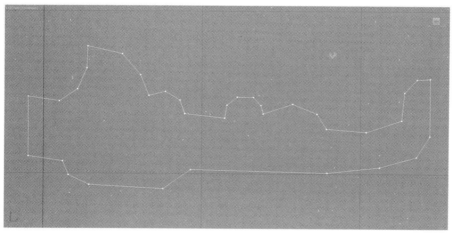

图5-91 绘制线条轮廓

然后在堆栈窗口中执行Extrude命令，将线条轮廓转化为实体模型（见图5-92）。此时的模型还没有完成，由于挤出的模型面顶点之间并没有连接，这样的模型导入游戏引擎后会出现多边形面的错误。所以通常添加Extrude修改器后，我们需要将模型塌陷为可编辑的多边形，然后在点层级下通过Connect命令连接相应顶点，顶点围绕的多边形面不超过四边（见图5-93）。这种利用线条挤出模型的方法适合轮廓复杂的扁平模型结构的制作。

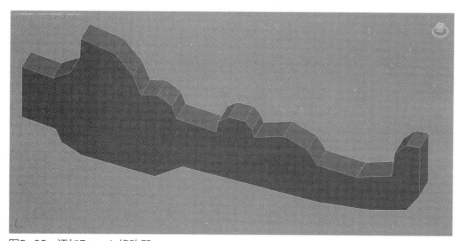

图5-92 添加Extrude修改器

将制作完成的炉腿模型旋转到合适的角度并放置在主体模型下方一角（见图5-94）。选中炉腿模型，进入Hierarchy面板激活模型的轴心（Pivot），然后利用快捷按钮面板中的Align命令将炉腿模型的轴心对齐到香炉主体模型的中心（见图5-95）。这样操作是为了后面能够利用镜像复制命令快速完成其他三条炉腿结构的制作，这也是场景模型制作中常用的方法（见图5-96）。

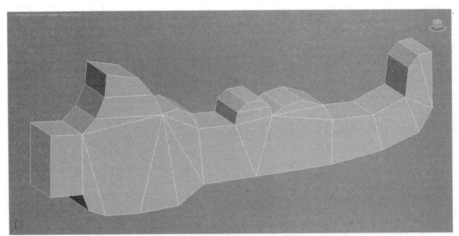

图5-93 连接顶点

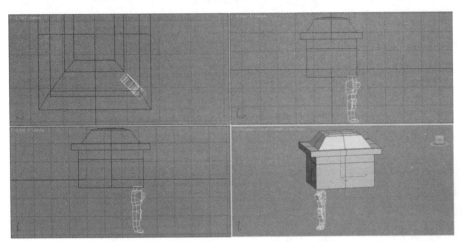

图5-94 放置炉腿结构

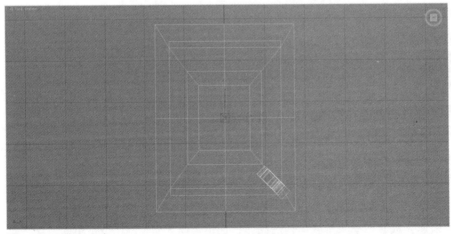

图5-95 调整轴心点

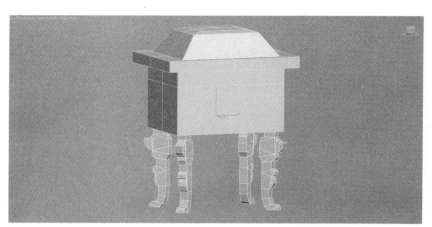

图5-96 利用镜像复制命令完成其他结构

接下来同样利用画线、挤出的方法制作炉身侧面的装饰结构（见图5-97），然后同样利用调整轴心点和镜像复制将装饰结构与炉身模型相结合（见图5-98）。利用BOX模型弯曲制作装饰结构并放置在炉子顶部两侧的位置（见图5-99）。

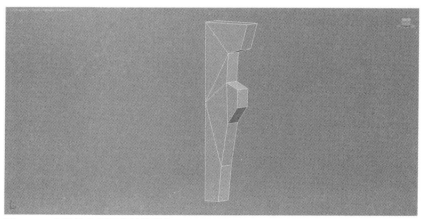

图5-97 制作炉身侧面的装饰结构

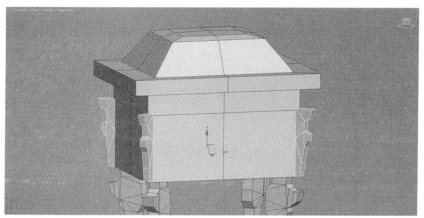

图5-98 模型结构的拼接

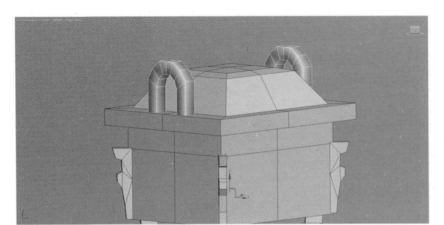

图5-99 制作顶部两侧装饰结构

利用圆柱体模型编辑制作香炉顶部的装饰结构（见图5-100），这样整个香炉就已经具备了基本的形态结构，如图5-101所示。其实这样的香炉模型完全可以应用于游戏场景当中了，但接下来我们要对其进行更加复杂的装饰与制作，让其细节和结构更加复杂、精致。

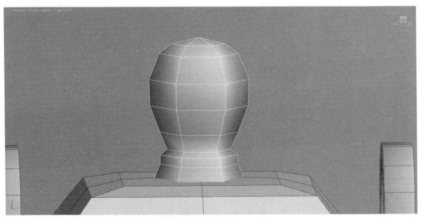

图5-100 利用圆柱体模型编辑制作顶部装饰

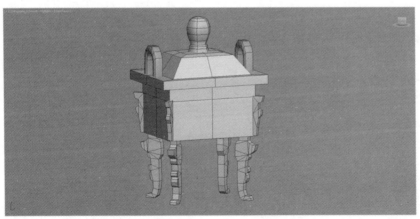

图5-101 香炉主体模型完成效果

接下来我们在香炉主体模型的外围为其制作装饰结构，仍然是利用画线、添加Extrude修改器的方式制作出装饰模型结构（见图5-102和图5-103）。将完成的模型面内部的顶点进行连接，避免出现四边以上的模型面，然后将装饰结构放置在香炉两侧（见图5-104）。

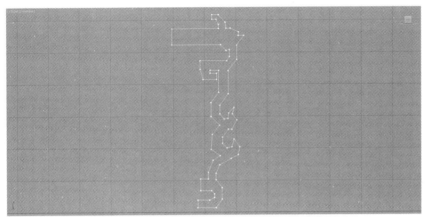

图5-102　绘制样条线

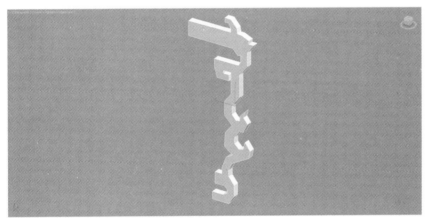

图5-103　添加Extrude修改器

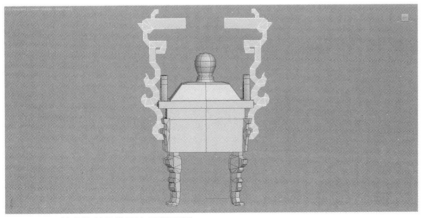

图5-104　将装饰结构放置在香炉两侧

在视图中创建BOX模型，通过编辑多边形命令将其制作成图5-105中的形态，用到的命令就是面层级下的Extrude、Bevel和Inset等，制作方法比较简单，这里不做过多讲解。将完成的模型结构放置在香炉模型正上方、装饰结构中间的位置（见图5-106）。同样利用画线、挤出的方法制作新的装饰结构模型（见图5-107）。

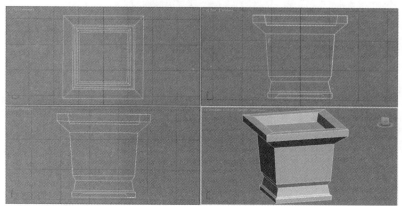

图5-105 编辑BOX模型

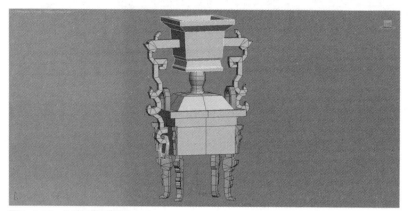

图5-106 调整模型位置

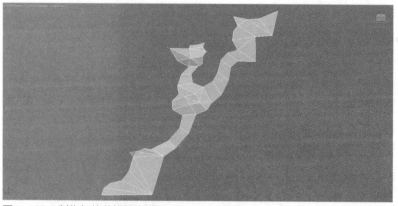

图5-107 制作新的装饰结构模型

将新制作的装饰结构模型放置在香炉下方，与香炉腿部相结合，这里仍然可以利用调整轴心点和镜像复制的方法快速完成（见图5-108）。复制香炉四角的装饰结构，将其放置在香炉底部，可以起到衔接作用（见图5-109）。再利用圆柱体模型制作一个四角底座模型（见图5-110）。

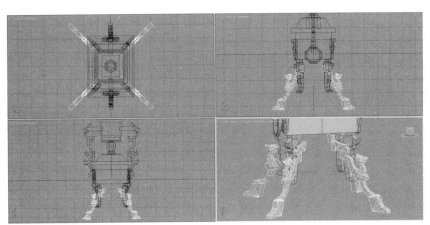

图5-108 镜像复制

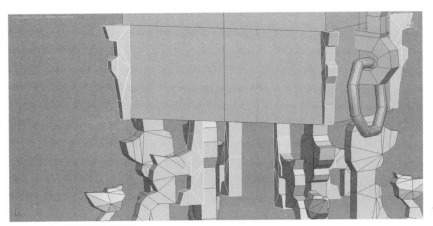

图5-109 复制装饰模型

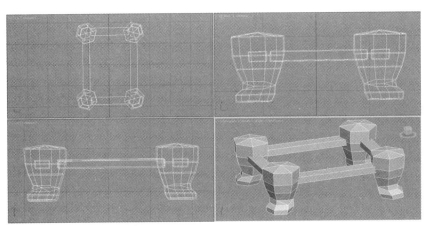

图5-110 制作四角底座模型

在四角底座模型下方利用BOX模型再编辑制作一个底座结构模型（见图5-111），然后将其与香炉模型以及装饰结构模型进行拼接（见图5-112），这样整个香炉模型就基本制作完成了，最后效果如图5-113所示。

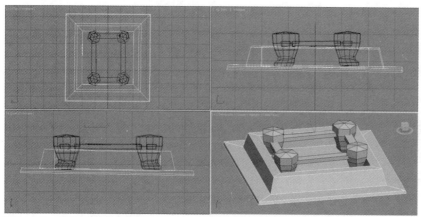

图5-111 制作底座结构模型

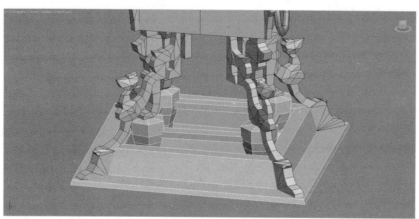

图5-112 拼接模型

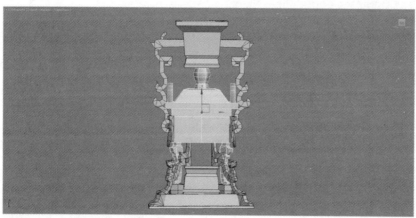

图5-113 香炉模型完成的效果

通过图5-113，从整体来看，我们为香炉主体模型制作的装饰结构就好像给香炉穿上了一层"外衣"；从功能和结构完整性来看，内部的香炉模型已经基本完善，而香炉外部的复杂结构仅仅是起到了装饰以及增强细节效果的作用，这种制作方法和思路也是三维游戏场景模型制作中经常运用的。

模型制作完成后，需要对模型进行UV拆分和贴图绘制。UV的拆分将按照香炉主体和装饰结构分为两部分，后期也将分为两张贴图来进行绘制。这里我们需要将模型所有的UV面都进行平展，利用画线、挤出制作的装饰结构可以按照两部分来进行拆分，如图5-114所示，而其他模型面单独进行平展即可。图5-115和图5-116为模型UV拆分的效果，图5-117为香炉模型添加贴图后最终完成的效果。

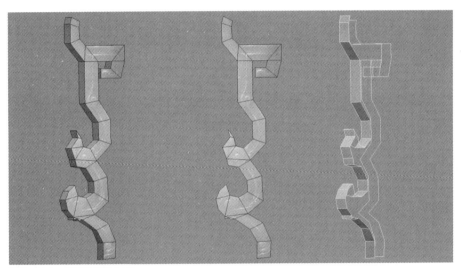

图5-114　模型UV的拆分

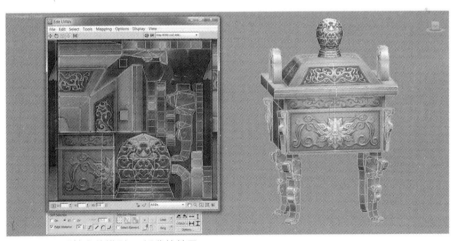

图5-115　香炉主体模型UV拆分的效果

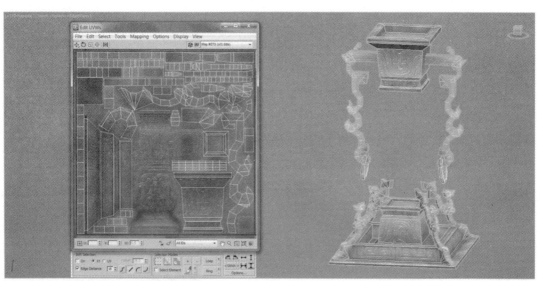

图5-116　装饰结构部分UV拆分的效果

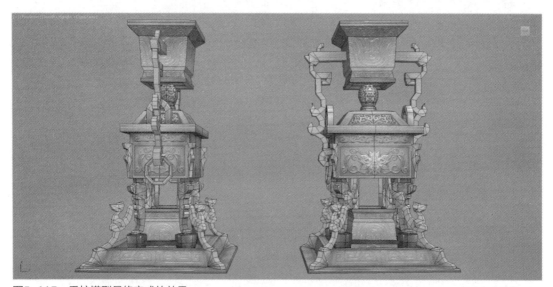

图5-117　香炉模型最终完成的效果

第6章 三维游戏场景建筑模型制作

6.1 三维游戏场景建筑模型的概念及分类

建筑模型是三维游戏制作的主要内容之一，它是游戏场景主体构成中十分重要的一环，无论是网络游戏还是单机游戏，场景建筑模型都是其中必不可少的，对于三维游戏场景建筑模型的熟练制作也是三维游戏场景美术设计师必须掌握的基本能力。

其实，在游戏制作公司中，三维游戏场景美术师有相当多的时间都是在设计和制作场景建筑，从项目开始就要忙于制作场景实验所必需的各种单体建筑模型，随着项目的深入，逐渐扩展到复合建筑模型，再到后期主城、地下城等整体建筑群的制作，所以对于建筑模型制作的能力以及建筑学知识的掌握是游戏制作公司对于场景美术师评价的最基本标准。新人进入游戏公司后，最先接触的就是场景建筑模型，因为建筑模型大多方正有序、结构明显，只需掌握3ds Max最基础的建模功能就可以进行制作，所以这也是场景制作中最易于上手的部分。

在学习场景建筑模型制作之前，要了解游戏中不同风格的建筑分类，这主要是根据游戏的整体美术风格而言，首先要确立基本的建筑风格，然后抓住其风格特点，这样制作出的模型才能生动贴切，符合游戏所需。

根据现在市面上不同类型的游戏，从游戏题材上可以分为历史、现代和幻想。历史就是以古代为题材的游戏，如国内目标公司的《傲视三国》《秦殇》系列，法国育碧公司的《刺客信条》系列；现代就是贴近我们生活的当代背景下的游戏，如美国EA公司的《模拟人生》系列、RockStar公司的《侠盗飞车》系列；幻想就是以虚拟构建出的背景为题材的游戏，如日本SE公司的《最终幻想》系列。

如果从游戏的美术风格上来分，又可以分为写实和卡通。写实风格的场景建筑就是按照真实生活中人与物的比例来制作的建筑模型；而卡通风格就是我们通常所说的Q版风格，如韩国NEXON公司的《跑跑卡丁车》、网易公司的《梦幻西游》等。

另外，如果从游戏的地域风格上来分，又可以分为东方和西方。东方风格主要指中国古代风格的游戏，国内大多数MMORPG游戏都属于这种风格；西方风格主要就是指欧美风格的游戏。

综合以上各种不同的游戏分类，我们可以把游戏场景建筑风格分为以下几种类型，下面让我们通过图片来进一步认识不同风格的游戏场景建筑。

1. 中国古典建筑（见图6-1）

图6-1 《古剑奇谭》中的中国古典建筑主城

2. 西方古典建筑（见图6-2）

图6-2 《七大奇迹》中的古希腊风格的神殿

3. Q版中式建筑（见图6-3）

图6-3　Q版中式建筑民居

4. Q版西式建筑（见图6-4）

图6-4　《龙之谷》中的Q版西式建筑城堡

5. 幻想风格建筑（见图6-5）

图6-5　《神谕之战》中的西方幻想风格建筑

6. 现代写实风格建筑（见图6-6）

图6-6　游戏中的现代写实风格建筑

6.2 三维游戏场景建筑模型实例制作

游戏场景的主体模型一般来说就是指场景建筑模型,游戏场景设计师大多数时间也都在跟建筑打交道。对于三维游戏场景美术师来说,只有接触专业的场景建筑设计才算是真正步入了这个领域,才会真正明白这个职业的精髓和难度所在,很多刚刚进入这个专业领域的新手在接触场景建筑后都会有此感悟。对于场景建筑模型的学习,通常都是从单体建筑模型入手,本节带领大家深入学习游戏场景单体建筑模型的制作。

对于场景建筑模型来说,最重要的就是"结构",只要紧抓模型的结构特点,制作将会变得十分简单,所以在制作前对于制作对象的整体分析和把握将会在整个制作流程中起到十分重要的作用(见图6-7)。对于编者个人而言会把这一过程看得比实际制作还要重要,制作前模型结构特点的清晰把握,不仅会降低整体制作的难度,还会节省大量制作的时间。

图6-7 游戏场景中的模型结构

另外,三维游戏场景的最大特点就是真实性,所谓的真实性,就是指在三维游戏中,玩家可以从各个角度去观察游戏场景中的模型和各种美术元素,三维游戏引擎为我们营造了一个360°的真实感官世界。所以在制作过程中,我们要时刻记住这个原则,保证模型各个角度都要具备模型结构和贴图细节的完整度,在制作中要随时旋转模型,从各个角度观察模型,及时完善和修正制作中出现的疏漏和错误。

对于新手来说，在游戏模型制作初期最容易出现的问题就是模型中会存在大量"废面"，要多利用Polygon Counter工具，及时查看模型的面数，随时提醒自己不断修改和整理模型，避免废面的产生。其实，游戏场景的制作并没有想象中的复杂和困难，只要从基础入手，脚踏实地制作好每个模型，从简到难，由浅及深，在大量积累后必然会让自己的专业技能获得质的提升。

图6-8为本节实例制作单体建筑模型的最终完成效果。两座建筑都是典型的中国古典建筑，包含各种古典建筑元素，如屋脊、瓦顶以及斗拱等。对于模型的制作可以按照从上到下的顺序来进行，首先制作屋顶、屋脊等结构，然后制作主体墙面结构，最后是地基台座和楼梯结构的制作，而建筑墙面和屋顶瓦片等细节部分主要通过后期贴图来进行表现，下面我们开始实际模型的制作。

图6-8　本节实例的最终完成效果

我们从图6-8左侧的建筑开始制作，首先在3ds Max视图中创建BOX模型（见图6-9）。

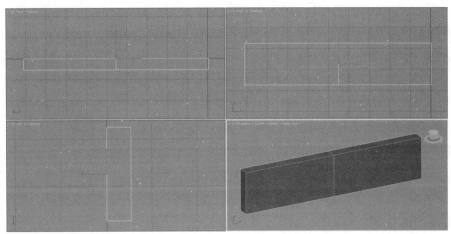

图6-9　创建BOX模型

然后将BOX塌陷为可编辑的多边形，通过面层级下挤出命令制作出屋顶主脊的基本结构（见图6-10）。因为主脊模型为中心对称结构，我们只需要制作一侧，另一侧可以通过调整轴心点（Pivot）和镜像复制的方式来完成（见图6-11）。之后只需要将主脊的两部分结合（Attach）到一起并焊接（Weld）衔接处的顶点即可。

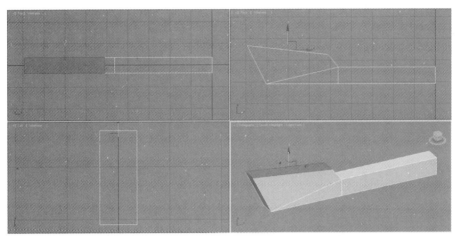

图6-10　制作主脊结构

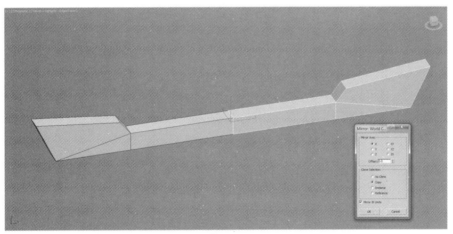

图6-11　利用镜像复制完成另一侧模型的制作

接下来制作主脊下方的屋顶模型，同样先在视图中创建BOX模型，将其对齐放置在主脊的正下方（见图6-12）。将BOX塌陷为可编辑的多边形，通过收缩顶部的模型面，制作出中国古典建筑瓦顶的结构（见图6-13）。选中模型底部的面，利用面层级下的Extrude命令向下挤出一个厚度结构，作为屋檐和瓦当的结构（见图6-14）。

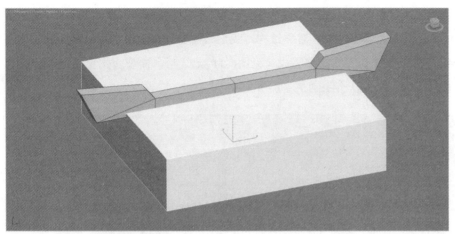

图6-12 创建BOX放置在主脊正下方

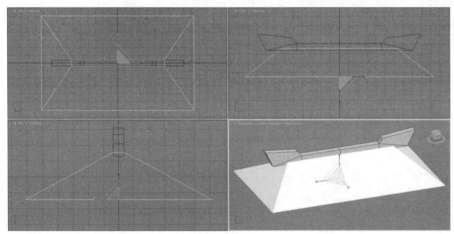

图6-13 制作瓦顶结构

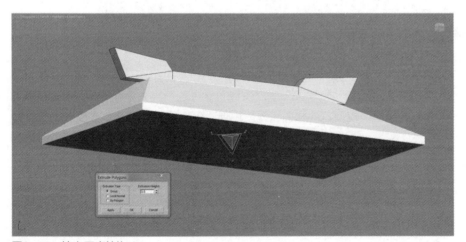

图6-14 挤出厚度结构

进入多边形边层级，选中瓦顶侧面四条倾斜的边线，通过Connect命令增加一条横向的边线分段（见图6-15）。然后通过缩放命令，收缩刚创建的边线，制作出瓦顶的弧线效果，这里增加的分段越多，弧线效果越自然，但同时也要考虑面数的问题（见图6-16）。

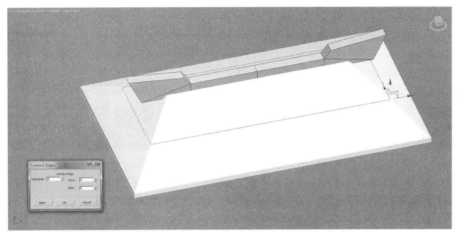

图6-15　增加边线分段

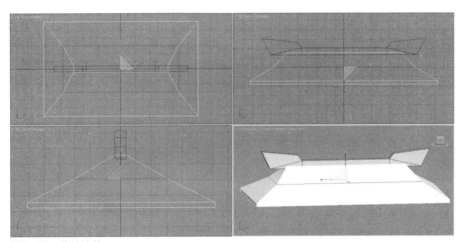

图6-16　收缩边线

接下来我们需要制作一个中国古典建筑中的特有结构——"飞檐"。所谓飞檐，就是瓦顶四角向上翘起的形态效果。制作飞檐结构主要是在屋顶四角进行切割画线，首先在任意一角利用Cut命令增加新的边线，如图6-17所示。利用同样的方法在这一角对称位置也增加这样的边线，其他三角如是。之后进入多边形点层级，选中四角的模型顶点，向上拉起即可完成飞檐结构的制作（见图6-18）。

屋顶制作完成后，我们向下制作墙体结构。进入面层级，选中屋顶底部的模型面，利用Inset命令向内收缩，然后通过Extrude命令向下挤出，完成建筑上层的墙体结构（见图6-19）。

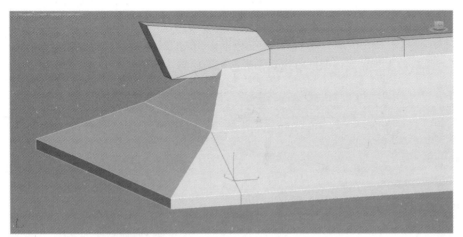

图6-17　利用Cut命令切割画线

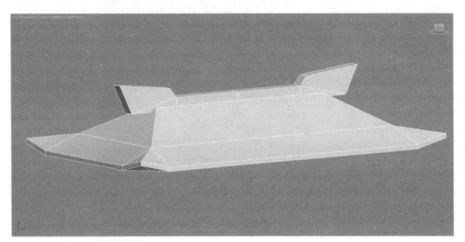

图6-18　完成飞檐结构的制作

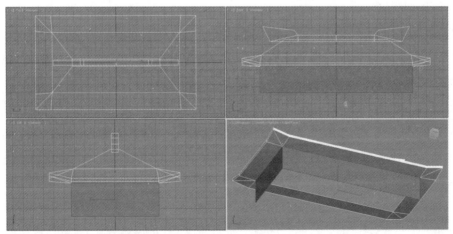

图6-19　制作上层墙体结构

我们利用刚刚所讲解的同样流程和方法可以完成建筑下层瓦顶和墙体模型结构的制作，效果如图6-20所示。接下来通过BOX模型编辑制作屋顶的侧脊模型结构（见图6-21），然后将侧脊模型放置在屋顶一角，调整位置和旋转倾斜角度，并将侧脊模型的轴心点与屋顶的中心进行对齐（见图6-22）。之后通过镜像复制就可以快速完成其他三条侧脊模型结构的制作（见图6-23），下层屋顶的侧脊结构同样可以利用复制的方式来完成（见图6-24）。

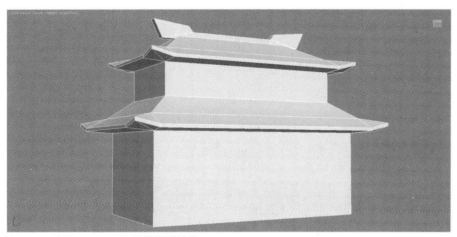

图6-20　制作下层瓦顶和墙体模型结构

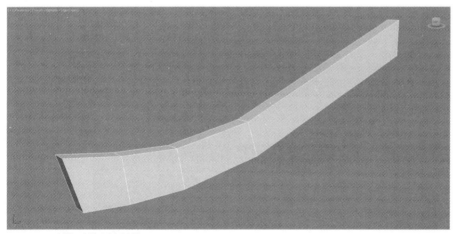

图6-21　制作建筑侧脊结构

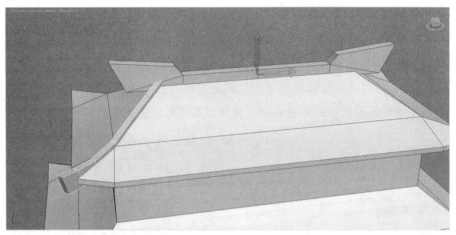

图6-22 调整轴心点

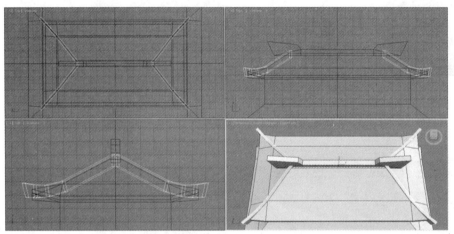

图6-23 通过镜像复制完成其他侧脊结构

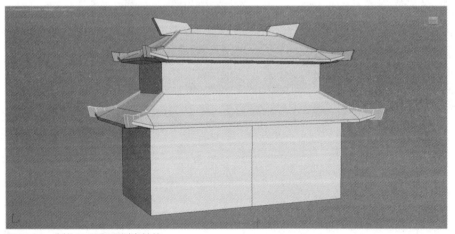

图6-24 制作下层屋顶侧脊结构

接下来利用BOX模型编辑制作立柱结构模型，并利用复制的方式放置在建筑下层墙体的四角位置（见图6-25）。然后利用BOX模型编辑制作建筑的地基台座结构，台座上方利用挤出命令制作出结构效果，顶面利用Inset命令向内收缩出一个包边效果，这主要是为了后面贴图的美观和细节（见图6-26）。最后在台座正面利用BOX模型编辑制作楼梯台阶的结构模型（见图6-27），在游戏场景模型的制作中台阶通常不用实体模型制作，主要靠贴图来表现细节。图6-28为建筑模型最终完成的效果。

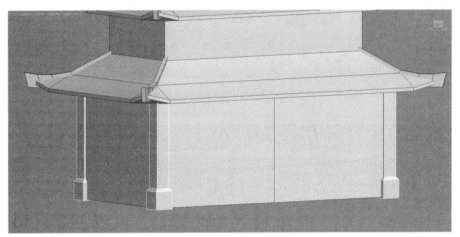

图6-25　制作立柱结构

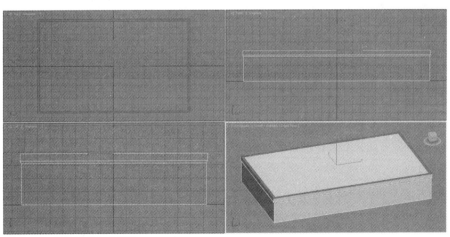

图6-26　制作地基台座结构

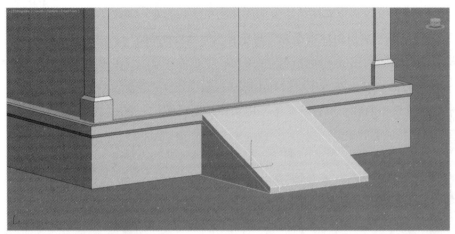

图6-27 制作楼梯台阶结构

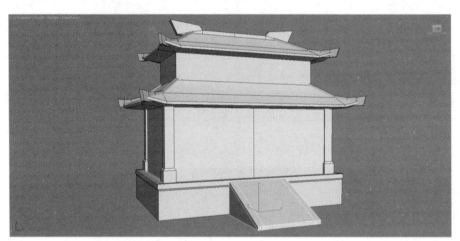

图6-28 建筑模型完成的效果

以上我们通过一个小型单体建筑模型的制作学习了场景建筑模型制作的基本流程和方法技巧，其实在制作中的许多方法技巧同样适用于其他模型的制作，下面我们开始制作之前效果图中较大的场景建筑模型。

建筑整体分为三层，我们同样按照从上到下的制作顺序，首先制作屋顶主脊的模型结构（见图6-29）。然后利用BOX模型编辑制作侧脊模型，由于建筑结构不同，这里的侧脊模型并不是倾斜的（见图6-30）。利用BOX模型编辑制作侧脊之间的瓦顶与墙体模型结构（见图6-31）。然后向下编辑制作建筑中层屋顶与墙体结构，瓦顶也要制作飞檐的结构效果（见图6-32）。用同样的方法完成建筑底层瓦顶和墙体结构的制作（见图6-33）。

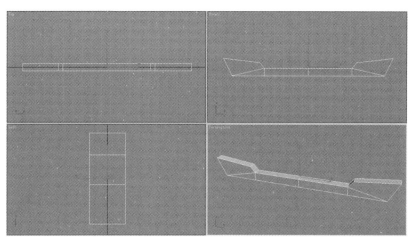

图6-29 制作主脊结构

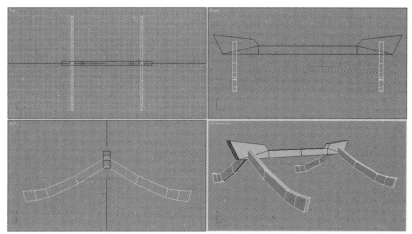

图6-30 制作侧脊模型结构

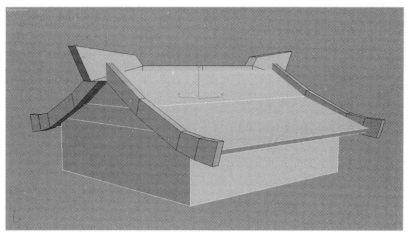

图6-31 制作瓦顶与墙体结构

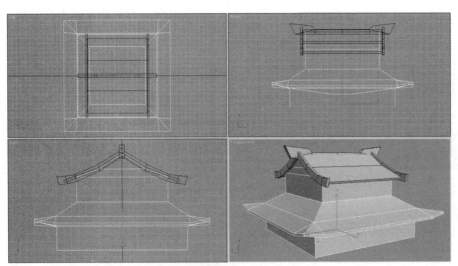

图6-32 制作中层屋顶和墙体以及瓦顶飞檐结构

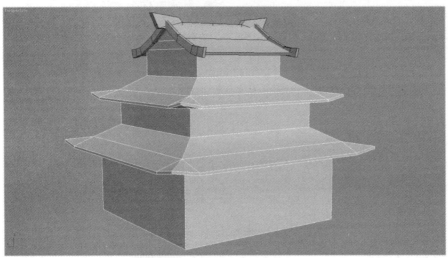

图6-33 制作底层瓦顶和墙体结构

接下来我们制作建筑底层屋顶正面的拱形结构，进入多边形边层级，选择底层房檐正面的所有横向边线，执行Connect命令，制作出纵向的分段布线（见图6-34）。选中刚刚制作的中间两列纵向边线，将其向上提拉制作出拱顶结构（见图6-35）。

将刚刚制作的模型结构进行布线划分，连接多边形相应的顶点，这样做是为了保证每个多边形的面都控制在四边形以内，在模型导入游戏引擎前我们还要对模型进行详细检查，确保模型不出现五边以上的多边形面（见图6-36）。

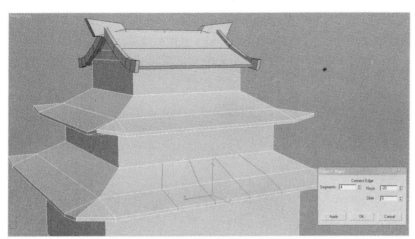

图6-34 制作分段布线

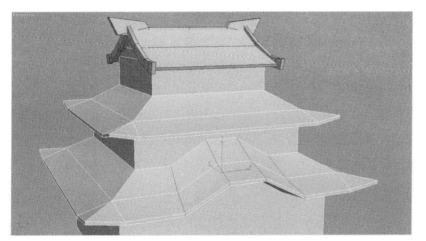

图6-35 制作拱形结构

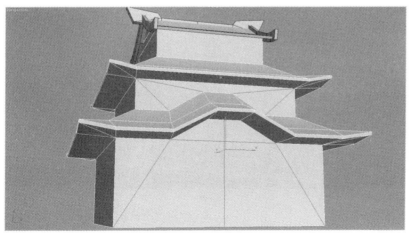

图6-36 连接多边形相应的顶点

然后制作添加中层和下层的屋脊结构模型，同时在底层墙体四角制作立柱结构模型，同样的场景建筑装饰元素我们可以直接复制之前制作完成的模型（见图6-37）。

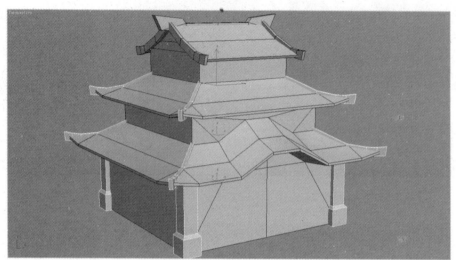

图6-37　制作中层和下层屋脊和立柱结构

接下来我们要在底层房檐四角下、立柱上方，制作斗拱结构。斗拱是中国古典建筑的支撑结构，出现在游戏建筑模型中主要起装饰作用。在视图中创建BOX模型，将其编辑制作成图6-38中的拱形结构。然后将模型进行横向排列，再通过穿插纵向的模型完成斗拱结构的制作（见图6-39）。将斗拱模型放置在屋顶下方，与立柱进行衔接（见图6-40），然后通过镜像复制完成其他斗拱结构的制作。

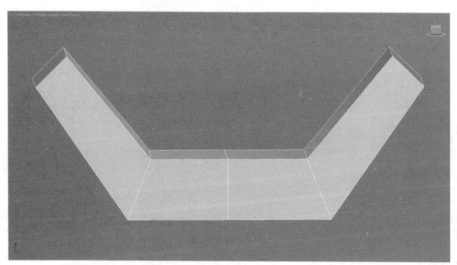

图6-38　制作拱形结构

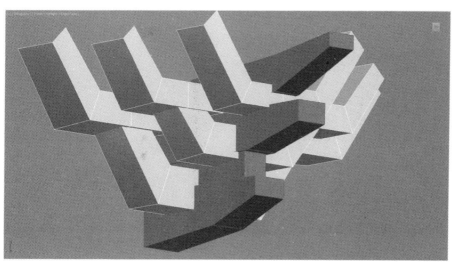

图6-39 制作斗拱结构

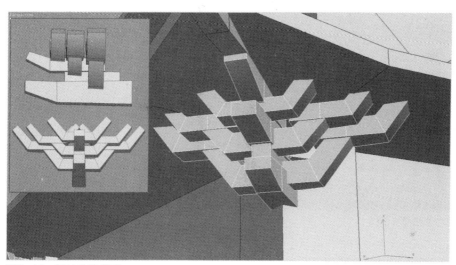

图6-40 摆放斗拱模型

在正门上方、拱顶房檐下，利用BOX模型制作装饰支撑结构（见图6-41）。最后制作出建筑的地基台座和楼梯结构（见图6-42）。这样这个房屋建筑的模型部分就制作完成了，最终效果如图6-43所示。

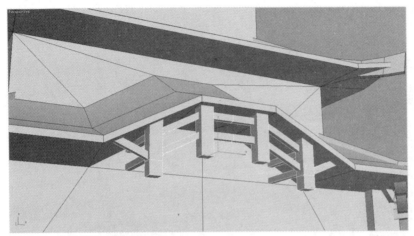

图6-41　制作装饰支撑结构

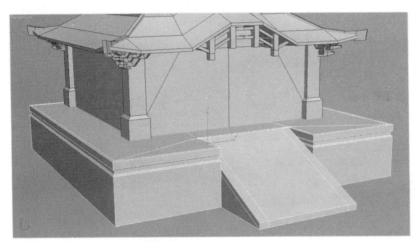

图6-42　制作地基台座和楼梯结构

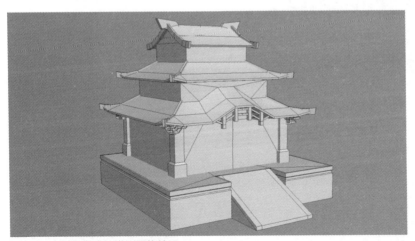

图6-43　制作完成的模型最终效果

模型制作完成后，接下来就是对模型进行UV分展和贴图的绘制。前面多次提到过，在场景建筑模型制作中，大部分的细节都是靠贴图绘制来完成的，如砖瓦的细节、墙体的石刻、木纹雕刻、门窗细部结构等。建筑模型贴图与场景道具模型贴图不同，除了屋脊等特殊结构的贴图外，一般要求制作成循环贴图，墙体和地面石砖贴图等通常是四方连续贴图，木纹雕饰、瓦片等一般是二方连续贴图。本节实例制作的模型一共用了10张独立贴图（见图6-44），同一个模型的不同表面都可以重复应用不同的贴图，贴图坐标投射方式一般采用Planar模式，要求充分利用循环贴图的特点来展开UV网格。

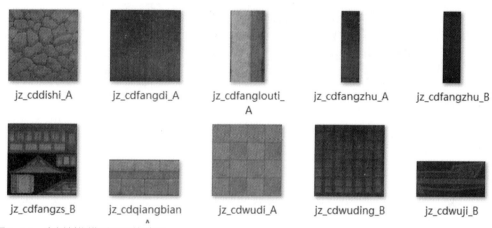

图6-44　实例制作模型所用的贴图

下面我们以建筑瓦顶为例，来讲解建筑模型UV分展的方法。首先，进入多边形面层级，选择屋顶模型相应对称的两部分模型面（见图6-45），然后添加带有瓦片贴图的材质球。此时的模型UV坐标还没有处理和平展，所以贴图还处于错误状态，接下来我们需要将贴图UV坐标平展，让贴图正确投射到模型表面。

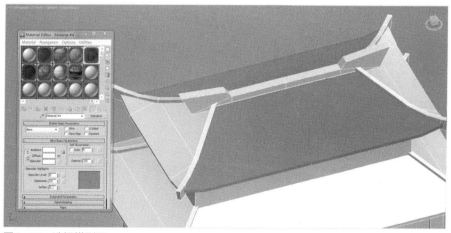

图6-45　选择模型面

进入多边形面层级，选择刚才赋予过瓦片贴图的多边形面，在堆栈窗口中添加UVW Mapping修改器（见图6-46），并选择Planar贴图坐标投射方式，然后在Alignment（对齐）面板中单击Fit（适配）按钮，这样贴图就会以相对正确的方式投射在模型表面。

图6-46　添加UVW Mapping修改器

接下来在堆栈窗口中继续添加Unwrap UVW修改器（见图6-47），打开UV编辑器，在Edit UVWs编辑窗口中调整模型面的UV网格，让贴图正确分布显示在模型表面。瓦顶主要注意瓦当部分的UV线分布，通常瓦片为二方连续贴图，所以可以通过整体左右拉伸UV网格来调节瓦片的疏密。用同样的方法可以把屋顶其他两面的贴图处理完成（见图6-48）。

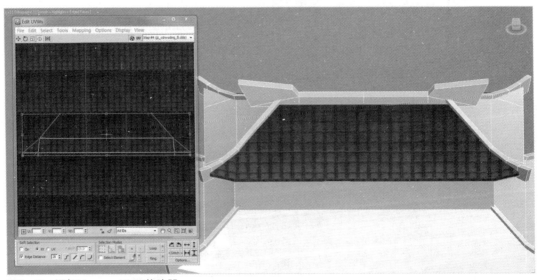

图6-47　添加Unwrap UVW修改器

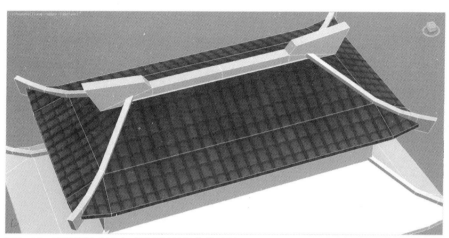

图6-48 用同样的方法完成屋顶其他部分的贴图

场景建筑模型的贴图大多数都是先绘制好贴图，然后通过调整UV让模型与贴图进行适配，但对于一些特殊的结构部分，例如屋脊等装饰，也会像角色类模型一样先分展UV后绘制贴图。接下来我们选择一条屋顶的侧脊模型，将其模型侧面和上下边面的贴图UV坐标分别平展到UV编辑器窗口中的UVWs蓝色边界内，然后可以通过Render UVW template工具将贴图坐标输出为JPG图片，并导入Photoshop中来绘制贴图（见图6-49）。另外，这里有一个特殊技巧，当完成这一个侧脊模型的UV坐标平展后，由于另外三个都是由复制得到的，所以我们可以将已经完成模型的Unwrap UVW修改器拖曳复制到其他模型上，这样可以快速完成UV分展工作。

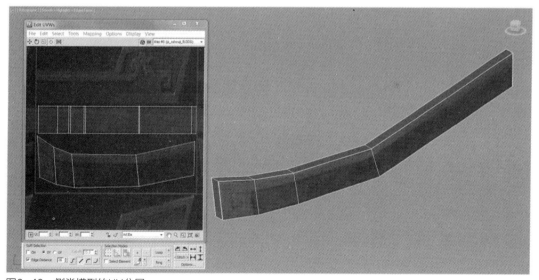

图6-49 侧脊模型的UV分展

对于场景建筑模型的UV与贴图工作，基本都遵循"一选面，二贴图，三投射，四调UV"的方法流程，我们可以利用这种方法将本章实例建筑模型其他部分的贴图制作完成

（见图6-50和图6-51）。这种处理模型UV坐标和贴图的方法，也是现在三维场景建筑模型制作中的重要技术手段和方法，在之后的实例制作中还会大量应用。

图6-50　墙面和立柱的贴图效果

图6-51　上层建筑的贴图效果

在场景建筑模型的贴图过程中，会经常遇到一些模型角落和细窄边面，这些地方不仅不能放任不管，还需要从细处理，因为在三维游戏当中，模型需要从各个方位接受玩家的观察，所以任何细小的边面贴图都要认真处理，要避免出现贴图的拉伸、扭曲等错误。对于这些结构的贴图调整没有十分快捷的方法，也是按照上面我们讲解的流程来处理，通常不需要对这些结构绘制单独的贴图，只需要选择其他结构的贴图来重复利用即可。

在前面地基台座模型制作的时候我们提到过"包边"，所谓的包边，就是指模型转折面处添加过渡贴图的模型面，通常这样的模型面都非常细窄，所以称为"包边"。为了避免转折面处低模的缺点，既可以采用添加装饰结构的方法，也可以采用"包边贴图"的方法，两者目的相同方向不同，前者是利用模型来过渡，后者则是利用贴图来过渡（见图6-52）。楼梯台阶部分的模型也要特别注意包边的处理（见图6-53）。图6-54是模型贴图最终完成的效果。

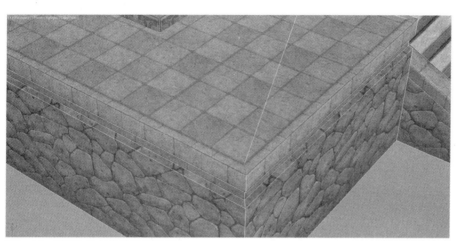

图6-52 模型包边结构的贴图处理

图6-53 楼梯台阶模型的处理

图6-54 模型贴图最终完成效果

6.3 三维Q版游戏场景建筑模型实例制作

我们前面的内容主要以写实风格建筑模型制作为主,其实,写实风格建筑模型的整体制作流程和方法同样适用于Q版风格场景建筑模型的制作。只不过Q版场景建筑大多具有自己独特的风格特点,只要善于总结并抓住这些特点,那么Q版场景与写实场景在制作上并没有太大区别。通常Q版游戏场景的模型面数十分精简,这里需要注意的是,Q版游戏场景面数的限制其实并不是出于对硬件和引擎负载的考虑,而是由自身风格所决定的,低精度模型的棱角和简约感刚好符合Q版化的设计理念。

Q版场景总体来说最大的特点就是夸张,将正常比例结构的建筑通过夸张的艺术手法改变为卡通风格的建筑,也就是"Q化"的过程。所以对于新手来说,要制作Q版场景建筑,完全可以先将其制作成写实风格的建筑,然后通过调整结构和比例的关系实现Q化,下面我们就来看一下实现Q化的基本方法。

图6-55是3ds Max视图中的三种柱体模型,左侧为正常写实风格的建筑结构,中间和右侧就是Q版建筑风格的结构。对于Q版场景建筑整体结构Q化的基本方法就是"收和放",如图6-55所示,中间的柱体就是将其中部放大同时收缩顶底部;右侧的柱子恰恰相反,是将其中部收缩同时放大顶底部。

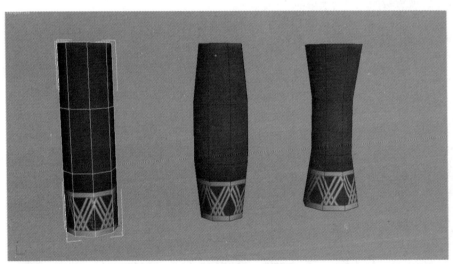

图6-55 立柱的Q版设计

经过这两种方法的处理,正常的柱体都变成了可爱的卡通风格,这种方法对于建筑模型的结构也同样适用。写实风格建筑的墙体都是四四方方、正上正下的结构,我们可以通过Q化,使之变成圆圆胖胖或细细瘦瘦的卡通风格(见图6-56)。

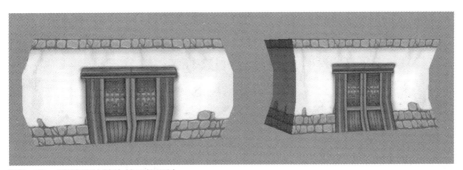

图6-56　建筑墙体结构的Q版设计

以上介绍的Q化方法只是最基本的方法,其实Q版场景建筑还有更多的风格特色需要制作者去把握。图6-57中是一座完整的Q版场景建筑,建筑整体基本是下小上大的倒梯形结构,屋脊结构夸张、巨大,柱子和墙体采用了上面介绍的Q化方法来制作,建筑的细节结构,如瓦片、门窗、装饰等多为简约、紧凑的结构特点,地基围墙也是紧紧贴在建筑周围。另外,从模型贴图上来说,Q版建筑的贴图基本是纯手绘风格,大多采用亮丽的颜色,尽量避免使用纹理叠加,体现卡通风格。

图6-57　Q版游戏场景建筑

Q版建筑是游戏场景建筑中比较独特的门类,其制作方法并不复杂,主要是对于建筑特点和风格的把握,只要善于观察,多多参考相关的建筑素材,同时进行大量的实践练习,那么假以时日,一定能掌握Q版场景建筑模型的制作诀窍和要领。

图6-58为本节Q版游戏场景建筑的原画设计,图中两个建筑都是以中国古典建筑为基础进行的设计,Q化主要体现在建筑整体的轮廓和造型,建筑整体为圆柱体,除墙体以外增加了很多圆柱体的建筑装饰结构,同时门窗也都为圆形设计,突出了建筑Q版化风格,除此以外,右侧建筑屋顶上还有一个鱼形装饰,更增添了建筑的情趣和氛围。下面开始讲解实际模型的制作。

图6-58　Q版游戏场景建筑原画

首先，在3ds Max视图中创建一个八边形圆柱体模型（见图6-59）。将模型塌陷为可编辑的多边形，放大模型底面（见图6-60），同时执行面层级下的Extrude命令将模型面挤出，将其作为建筑的屋顶结构。选中下方模型面，执行面层级下的Inset命令，将模型面向内收缩（见图6-61）。然后将收缩的模型面继续向下挤出（见图6-62）。

进入多边形边层级，选中基础模型侧面的所有边线，利用Connect命令增加两条横向分段边线（见图6-63）。进入点层级，调整模型顶点，将圆柱中间进行放大，制作出模型的Q版特点（见图6-64）。然后继续将模型底面向下挤出，制作出下方的边棱结构（见图6-65）。

利用BOX编辑制作屋脊模型，这里仍然要把握Q版建筑结构的特点——屋脊上窄下宽，效果如图6-66所示。将制作完成的屋脊模型移动放置到屋顶的一条边棱上，然后将屋脊模型的轴心点与建筑主体进行中心对齐（见图6-67）。接下来就可以利用旋转复制的方式快速完成其他屋脊模型的制作（见图6-68）。

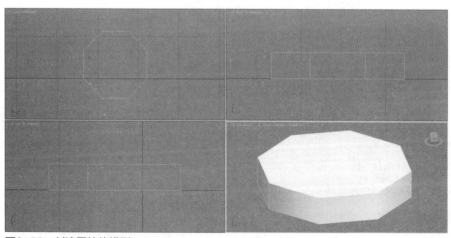

图6-59　创建圆柱体模型

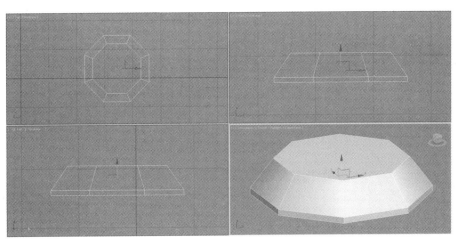

图6-60 放大模型底面

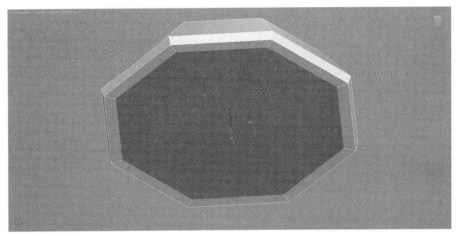

图6-61 收缩模型面

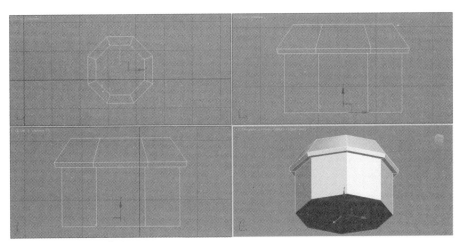

图6-62 向下挤出模型面

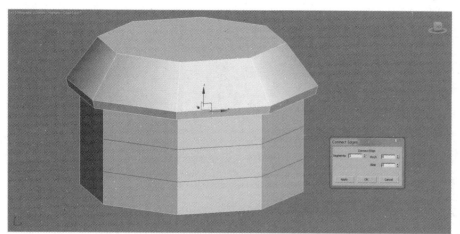

图6-63 增加分段边线

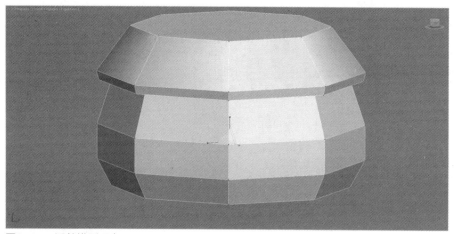

图6-64 调整模型顶点

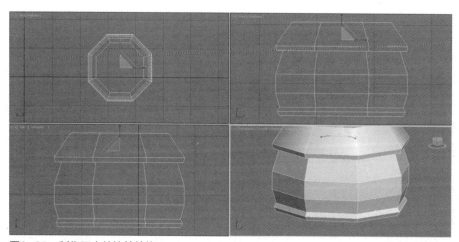

图6-65 制作下方的边棱结构

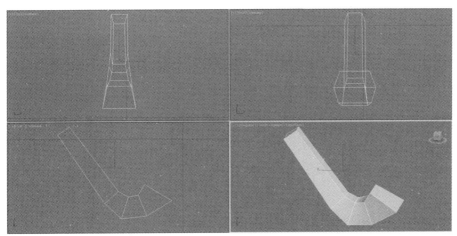

图6-66 制作屋脊模型结构

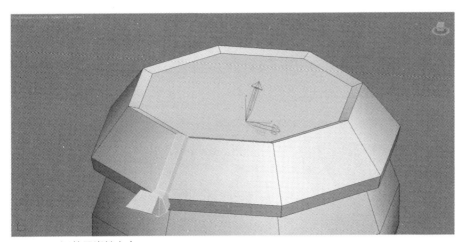

图6-67 调整屋脊轴心点

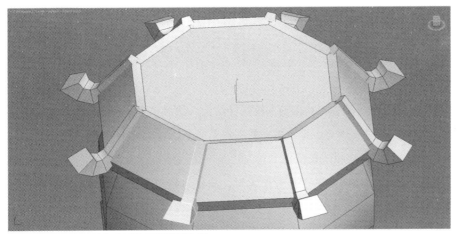

图6-68 旋转复制完成其他屋脊模型制作

接下来在视图中创建五边形圆柱体模型，仍然要制作成上窄下宽的Q版风格，将窄的一端穿插到建筑墙体下边（见图6-69）。将圆柱体模型复制一份，进行放大，将其放置在建筑下面，作为木质支撑结构，然后通过调整轴心点和旋转复制的方式可以快速完成其他结构的制作（见图6-70）。

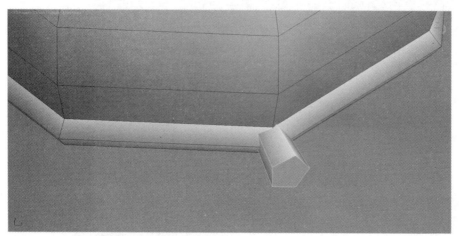

图6-69　制作圆柱体装饰模型结构

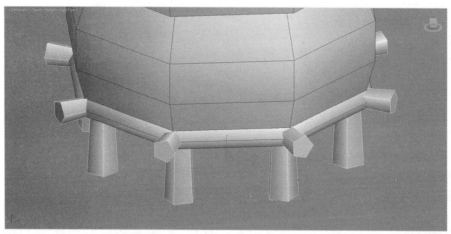

图6-70　制作下方木质支撑结构

最后我们拿一个板状的BOX模型将其作为木板楼梯结构，然后在建筑旁边制作添加场景道具模型（见图6-71），这样其中一个Q版建筑模型就制作完成了，完成效果如图6-72所示。

接下来我们开始制作第二个Q版建筑模型，首先还是从屋顶结构开始制作，制作方法与前面一样，都是利用八边形圆柱体模型进行多边形编辑，只不过这里需要制作双层房檐结构，如图6-73所示。然后将模型底面向下挤出，制作出墙体结构，墙体采用上窄下宽的Q版化设计（见图6-74）。在墙体下方利用Bevel命令制作出一个底座结构，底座侧面从上到下逐渐收缩（见图6-75）。

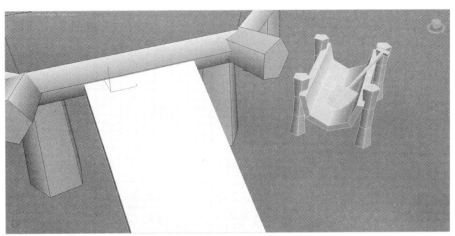

图6-71 制作楼梯和场景道具模型结构

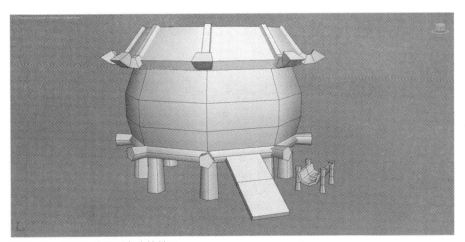

图6-72 Q版建筑模型完成的效果

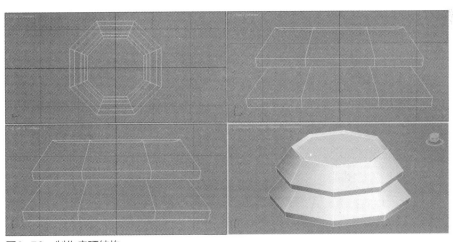

图6-73 制作房顶结构

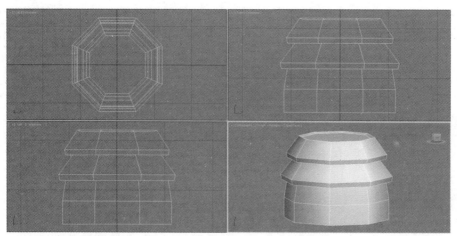

图6-74　制作墙体结构

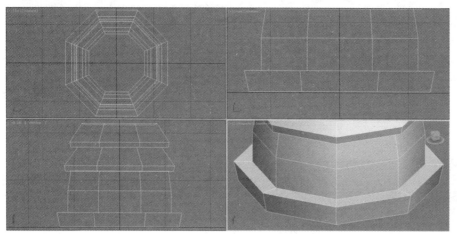

图6-75　制作底座结构

　　接下来为房顶添加屋脊结构，这里可以直接复制之前制作的屋脊模型，同样利用调整轴心点和旋转复制的方式快速完成所有屋脊模型的制作（见图6-76）。在顶层屋脊结构上方添加圆柱体模型，将其作为建筑装饰结构（见图6-77）。在建筑底部制作添加楼梯结构以及场景道具模型，这样整个建筑主体就基本制作完成了（见图6-78）。

　　最后我们需要制作建筑顶部的鱼形装饰结构，首先，在3ds Max视图中创建BOX模型，设置合适的分段数，由于鱼形装饰为中心对称结构，所以我们只需要编辑制作一侧的模型结构，另一侧通过镜像复制就能完成（见图6-79）。将BOX模型塌陷为可编辑的多边形，调整模型顶点，编辑出基本的轮廓外形（见图6-80）。

　　通过Cut命令增加分段边线，进一步编辑模型，将模型制作得更加圆滑（见图6-81）。通过挤出命令和进一步编辑，制作出鱼的嘴部结构（见图6-82）。最后制作出鱼的尾部结构（见图6-83）。通过镜像复制并焊接顶点完成整个鱼形装饰模型的制作，将模型放置到屋顶，这样整个Q版建筑模型就制作完成了，最终效果如图6-84所示。

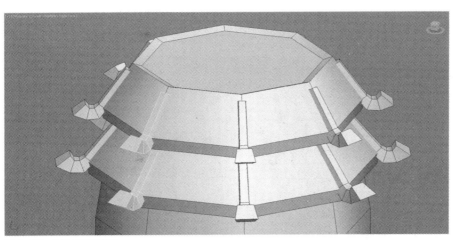

图6-76 添加屋脊结构

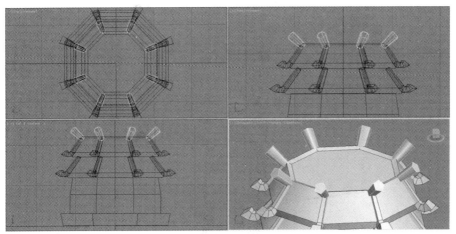

图6-77 添加屋顶装饰结构

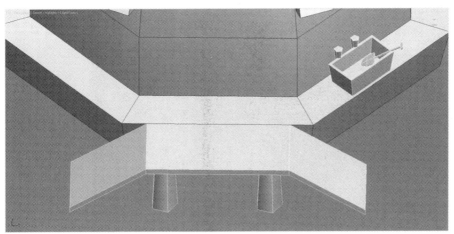

图6-78 制作楼梯和场景道具模型结构

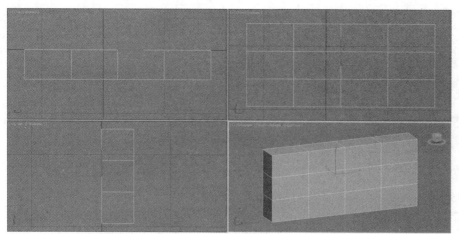

图6-79 创建BOX模型

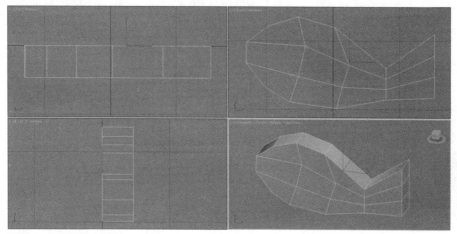

图6-80 编辑轮廓外形

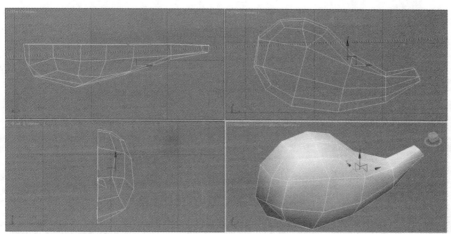

图6-81 进一步编辑模型

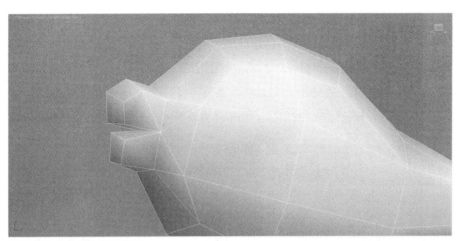

图6-82 制作鱼的嘴部结构

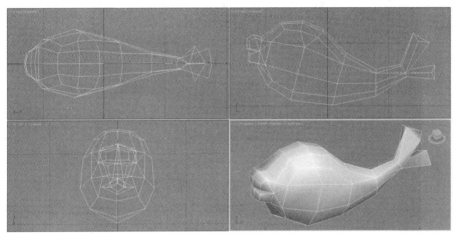

图6-83 制作鱼的尾部结构

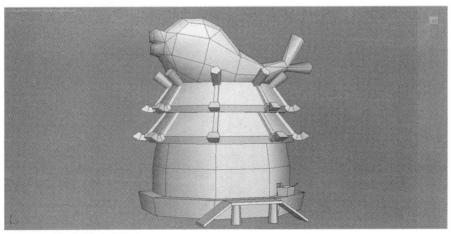

图6-84 模型最终完成效果

模型制作完成后，下一步需要对模型进行UV分展和贴图绘制。Q版模型的贴图一般都是纯手绘制作，风格也更偏卡通，多用亮丽的颜色进行平面填充，所以不用过多担心UV的拉伸问题。这里我们可以将模型UV进行简单分展，然后进行贴图的绘制，将屋顶瓦片进行单独拆分，然后是屋脊和场景道具装饰贴图的制作，最后墙体部分可以制作成二方连续贴图，每一座建筑的所有模型元素UV都可以拼接到一张贴图上。图6-85为绘制完成的模型贴图。

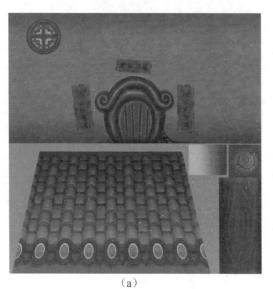 

(a)　　　　　　　　　　　　　　　　(b)

图6-85　手绘风格的Q版建筑模型贴图

贴图绘制完成后，将其添加到模型上，然后通过UV编辑器进一步对UV进行细节调整，保证贴图能够正确匹配到模型上，如图6-86所示。图6-87为本节实例制作模型在3ds Max视图中最终完成的效果。

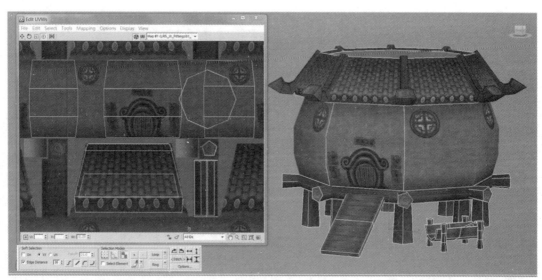

图6-86　进一步调整模型UV

图6-87 模型最终完成的效果

第7章 三维游戏场景关隘实例制作

7.1 关隘场景模型的制作

前文我们讲解了游戏场景单体建筑模型的制作，本节我们来讲解游戏场景中复合建筑模型的制作。所谓的复合建筑模型，就是指在三维游戏场景制作中，由多种场景道具、单体建筑模型等基本单位拼接构成的组合式场景建筑模型。从模型结构的复杂程度来看，复合建筑模型的复杂性要高于场景道具模型和单体建筑模型。从整体上来说，复合建筑模型具备较高的独特性，在游戏场景制作中通常不可将其大量复制使用，如果想要复制使用，可以通过调整修改其中单体模型的位置、排列等使之达到一个全新场景的效果。

复合建筑模型是三维游戏场景中的高等模型单位，在大型网络游戏场景制作中，往往是先通过场景道具模型和单体建筑模型组合出复合建筑模型，然后通过相互的衔接构成完整的游戏场景。不同的复合建筑模型之间通过添加衔接结构再构成更大规模的复合场景，所以制作复合建筑模型的关键就是模型间的相互衔接，衔接方式不一定多么复杂，但通过巧妙的衔接设计却能够起到画龙点睛的作用。

本节实例我们将制作一个关隘场景复合建筑模型，图7-1为模型制作完成后的效果。我们之所以将这个场景建筑模型定义为复合建筑模型，是因为模型主体是由若干独立的模型个体所构成的，比如塔楼、城墙上的楼阁建筑等。在制作的时候，我们先完成单体建筑模型结构的制作，然后通过复制拼接来完成整个模型结构的制作。下面具体分析一下建筑的结构和制作流程。

图7-1 关隘场景复合建筑模型的最终效果

从整体来看，关隘建筑结构分为城楼、城墙和建筑装饰三大部分，其中城楼部分可以当作单体模型来进行制作。我们首先制作中间顶端城楼主体的建筑结构，前端两侧的城楼结构可以通过复制修改的方式来完成。然后制作搭建城墙的整体框架结构，两侧的城墙结构只需要制作一组，另一侧通过镜像复制来完成。当整体模型结构完成以后，最后制作立柱、雕刻、拱门等建筑装饰模型。其实最终完成的城门模型只是单面模型，也就是说，模型背面的多边形面是全部删除的，之后导入游戏引擎我们可以将模型整体复制旋转，形成无缝对接的双面城门关隘场景。下面我们开始本节实例的制作。

首先，在3ds Max视图中我们利用BOX模型搭建出关隘的基本建筑结构，其中，绿色的BOX是关隘两侧的城墙，红色为中间的城门结构，粉红色为城门上方的城楼建筑，蓝色为城门两侧的附属城墙结构，紫色是城门前方的塔楼，黄色为城门两侧的立柱（见图7-2）。这种模块的搭建可以方便我们清晰地认识模型的基本结构，通过BOX的比例对照来制作模型的细节，之后可以比照这些BOX模型来制作实际的建筑模型结构，这种方法经常用于一些大型或者复杂模型的制作上。

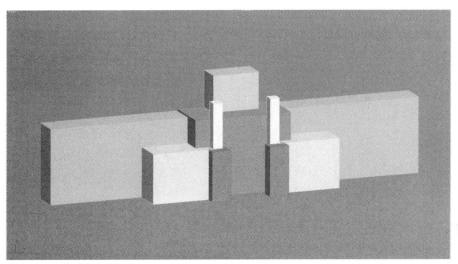

图7-2　搭建基本建筑结构

按照之前的模型分析，我们先来制作关隘上方的城楼模型结构。在视图中创建BOX模型，通过挤出、倒角等编辑多边形命令制作出最上层的屋顶和墙面模型，要注意屋顶下方建筑结构的细节处理（见图7-3）。

同样利用BOX模型编辑制作出屋顶正上方的主脊模型结构，我们将其制作为中心对称的结构，这样后期在贴图绘制时只需要制作一半的贴图即可（见图7-4）。接着制作出屋顶的侧脊模型结构，这里我们只需要制作一条侧脊，其他三条可以利用镜像复制来完成（见图7-5）。

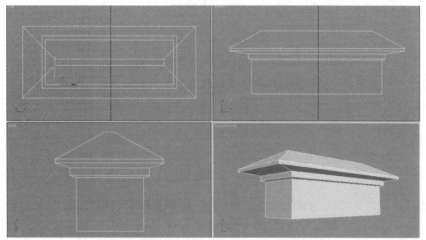

图7-3 制作城楼上层模型结构

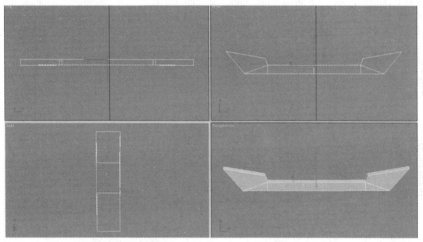

图7-4 制作主脊模型结构

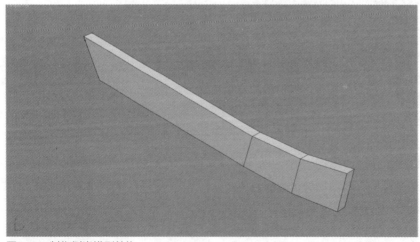

图7-5 制作侧脊模型结构

将主脊和侧脊模型拼装到屋顶结构上，这样关隘城楼的顶层结构就制作完成了（见图7-6）。由于城楼三层建筑结构基本相同，我们可以将制作完成的城楼顶层结构看作一个整体，向下复制来完成中层和底层的模型制作，通过整体缩放命令来适当调整建筑结构的比例（见图7-7），然后通过四视图来观察城楼模型的整体结构（见图7-8）。

完成关隘城楼模型的制作后，向下开始制作城楼与城门之间的城墙建筑结构，利用编辑多边形命令制作出墙体的基本外形（见图7-9）。

通过BOX模型简单编辑制作出城墙上边缘的包边模型结构（见图7-10），对于规模较大的建筑模型，我们在模型的转折边缘处都必须做好衔接处理，常用的方法就是利用模型制作包边结构，这种方法有别于上一节中所讲的利用贴图来制作包边结构，两者都属于常用方法。

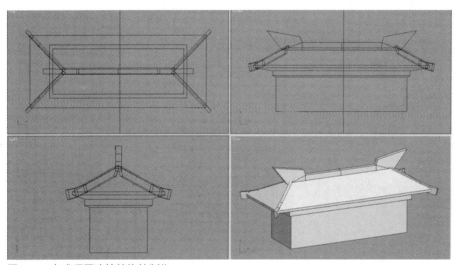

图7-6　完成顶层建筑结构的制作

图7-7　通过复制、调整完成中层和底层建筑模型结构

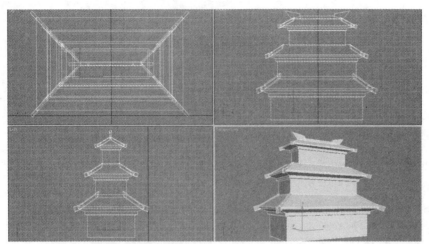

图7-8 模型四视图中的效果

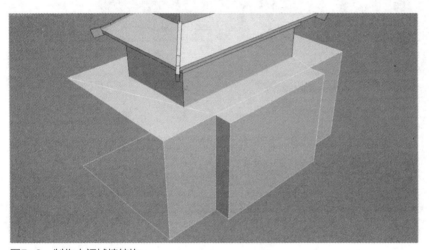

图7-9 制作中间城墙结构

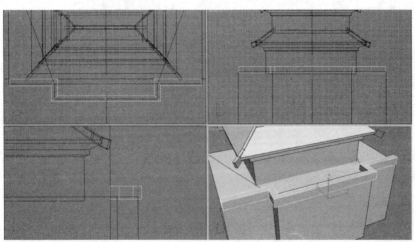

图7-10 制作包边结构

接下来我们沿着墙体模型向下制作城门的模型结构，先利用BOX模型制作出城门的基本框架结构（见图7-11）。然后通过布线为城门模型添加分段，编辑制作城门模型的细节结构，在城门模型上端边缘处我们同样利用模型来制作包边结构（见图7-12）。城门模型结构完成以后，我们来制作城门两侧的隔断城墙和立柱模型结构（见图7-13）。

接下来制作城门一侧的主体城墙结构，由简单的BOX模型编辑制作而成（见图7-14）。要注意城墙顶部模型结构的处理，这里我们利用模型自身的收缩转折来实现模型的包边转折结构效果（见图7-15）。

图7-11　制作城门框架结构

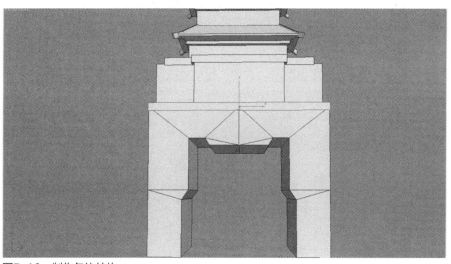

图7-12　制作包边结构

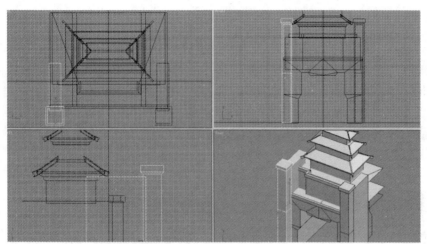

图7-13 制作两侧城墙和立柱模型结构

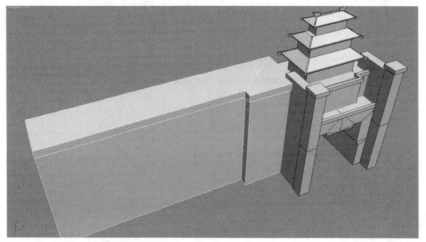

图7-14 制作一侧的城墙结构

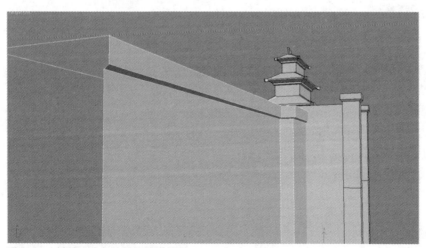

图7-15 城墙上方包边转折结构效果

通过编辑多边形制作出主体城墙前方的附属城墙结构，利用BOX模型制作出外围和内侧的城墙结构，这里要注意城墙上端通过切线的方式留出了贴图的包边结构（见图7-16）。然后利用Plane模型制作出附属城墙上方的地面，这里我们可以进一步观察城墙包边结构的处理（见图7-17）。

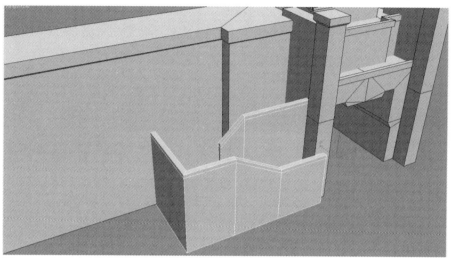

图7-16　制作附属城墙结构

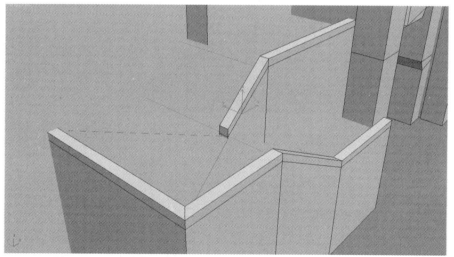

图7-17　制作附属城墙上方的地面

接下来制作城门两侧的塔楼模型结构，塔楼整体分为两部分：上方的城楼和下方的塔楼。塔楼模型的结构很简单，由主体模型和前方的两根立柱构成（见图7-18）。我们将塔楼模型拼接放置在制作完成的关隘场景中（见图7-19）。附属城墙和塔楼上方的城楼我们仍然可以复制之前完成的城楼模型，适当调整整体的比例结构（见图7-20）。

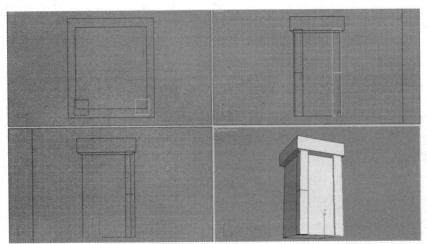

图7-18 制作塔楼墙体模型结构

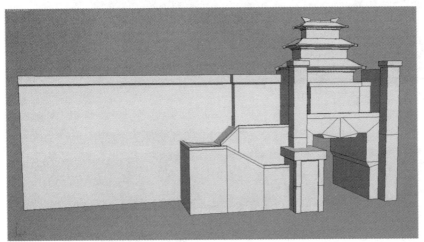

图7-19 与场景进行拼接

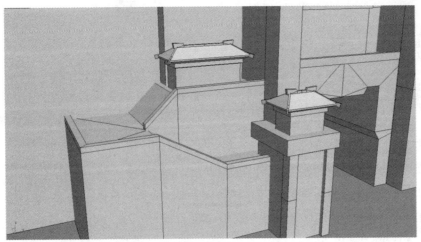

图7-20 复制塔楼模型结构

当我们完成了一侧的主体城墙、附属城墙、立柱和塔楼模型后，将以上模型的轴心（Pivot）设置对齐到城门的中央，然后利用镜像复制命令制作出另一侧的模型结构，这样整个关隘模型的主体结构就基本制作完成了（见图7-21）。在实际项目制作中要善于运用复制、镜像等命令，这样可以大量节省制作时间，提高工作效率。

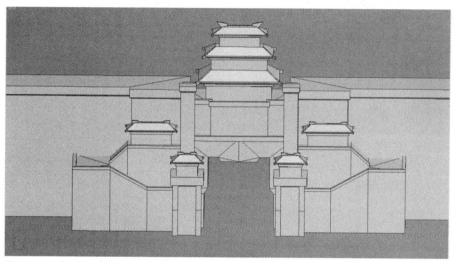

图7-21　利用镜像复制命令完成另一侧模型结构

7.2　为场景模型添加贴图

建筑主体模型结构制作完成后，我们可以先对模型进行贴图。建筑模型的规模越大，并不意味着需要的贴图越多，整个关隘场景模型只用了不到十张贴图。所有的城墙结构我们都用同一张二方连续的石砖贴图，所有的城楼屋顶都用到了屋脊和房瓦的贴图，城楼墙体也只用一张二方连续贴图，城门正上方是带有雕刻的金属纹饰贴图。对于建筑UV分展及贴图的基本方法，上一节已经讲过，这里就不再过多涉及。图7-22为模型整体贴图完成的效果，图7-23为模型的贴图细节效果，特别要注意包边结构的贴图处理。

制作完关隘场景的主体模型后，我们开始制作模型装饰结构。先来制作城墙上方的城垛模型。由于附属城墙、城门以及两侧塔楼是距离玩家角色比较近的区域，所以这里的城垛结构我们利用BOX模型来制作，而对于两侧主体城墙上方距离玩家角色比较远的区域，我们则用Plane面片模型来模拟城垛的效果（见图7-24）。如果全部都用BOX模型，即使每个BOX只有5个模型面，但由于城垛数量过多，所有面数叠加到一起仍然会造成巨大的资源负担，这种远距离利用Plane面片来模拟的方法也是游戏场景制作中常用的技术手法。

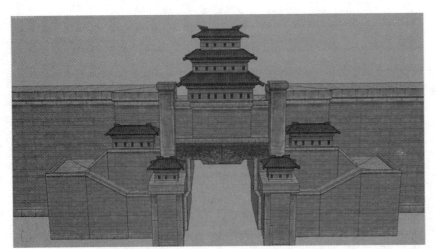

图7-22 贴图完成的效果

图7-23 贴图细节效果

图7-24 制作城堞模型

接下来制作添加城门上方的石质雕刻装饰和下方的木质装饰结构（见图7-25）。制作添加塔楼下方的木门结构（见图7-26），制作两侧立柱上的装饰结构以及塔楼之间的拱形装饰结构（见图7-27和图7-28），以上结构细节主要还是靠贴图来表现。

制作完建筑装饰结构后，整个关隘场景建筑模型就制作完成了，图7-29是关隘场景模型在3ds Max视图中的完成效果。其实在实际项目制作中，规模如此大的游戏场景关隘建筑模型实际用面只有3000多个，全部贴图也仅用了十张。

图7-25　制作城门装饰结构

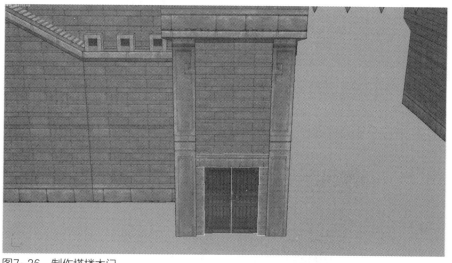

图7-26　制作塔楼木门

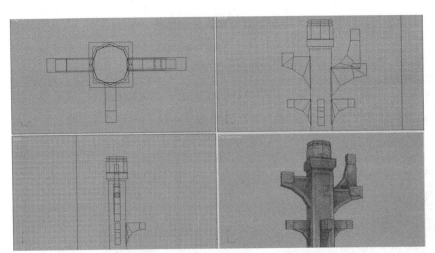

图7-27 制作立柱装饰结构

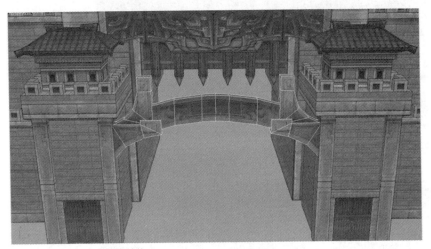

图7-28 制作拱形装饰结构

图7-29 模型制作完成后的效果

7.3 三维模型与地图场景的拼接与整合

建筑模型制作完成后,我们可以在3ds Max软件中搭建一个简单场景,来模拟模型导入游戏引擎编辑器中的效果。在3ds Max视图中创建横纵分段数各为100的Plane模型,作为引擎编辑器中的地表区块(见图7-30)。

图7-30　创建Plane模型

将Plane模型塌陷为可编辑的多边形,利用多边形编辑面层级下的Paint Deformation笔刷绘制工具制作出起伏的地表山脉模型,地表中间留出的平坦地形就是我们要放置关隘场景模型的区域(见图7-31)。

图7-31　绘制地表区域

将之前制作的关隘场景模型放置到地表场景当中，关隘两侧的城墙要插入地表山体当中（见图7-32）。由于地表山体的起伏通常会形成一定的坡度，所以在制作这类场景模型的时候我们要尽量将两侧的城墙延长，而对于较大跨度的关隘场景，我们也可以利用分段式城墙在野外地表场景中进行拼接处理。选中关隘模型，利用旋转或镜像复制的方式得到另一侧的模型，这样就形成了双侧完整的关隘场景（见图7-33）。最后，将Plane地表模型添加贴图，同时导入植物模型和山石模型，制作出完整的关隘场景效果，如图7-34所示。

图7-32　将关隘模型放置到地表中

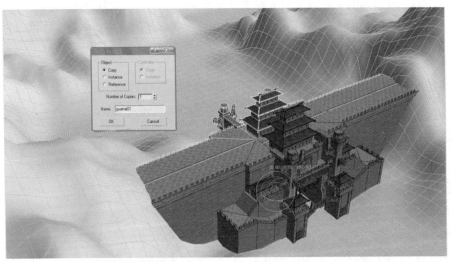

图7-33　镜像复制拼接背面模型

图7-34 视图中关隘场景最终效果

第8章 三维游戏场景军营实例制作

8.1 军营场景模型的制作

本节实例制作的内容是游戏野外营地场景。营地场景是三维游戏野外地图中常见的场景形式，从功能性上来说，营地一方面可以作为游戏中NPC的聚集地，为游戏玩家提供各种补给和服务；另一方面，在有的地图中营地也会作为敌对方和怪物的据点而存在，成为玩家的战斗场景。从场景形式上来说，营地场景可以分为两种类型：一是军帐营地，通常以木支撑结构和帐布作为构成场景建筑的主要材料；二是山寨营地，以大量木结构建筑作为场景主体。从制作上来说，山寨营地场景结构比较复杂，需要花费更多的工作时间；军帐营地场景虽然结构简单，但其帐布在表现形式和质感处理上难度会更大。

图8-1是本节实例模型的完成效果。图中的军营主帐模型从建筑结构上来说主要分为四大部分：上层木质屋脊和瓦顶结构、中层的木质支撑结构、下层的地基木质平台、环绕木质建筑的帐布。在实例制作中我们也基本按照以上结构的顺序来进行制作，其中大量的建筑结构都可以通过复制来完成，所以在制作的时候要善于总结归纳相似的模型结构，尽量缩短工作时间，提高工作效率，图8-2是军营场景模型顶视结构分布。

图8-1 军营主帐模型效果

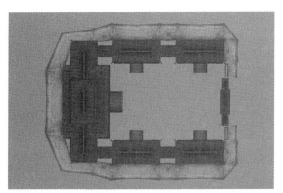

图8-2 军营场景模型结构顶视结构分布

根据顶视图，从建筑的排列顺序上首先制作营帐正面的主体建筑模型，再制作一侧的一组附属建筑模型，其他三组可以复制完成，然后利用木板结构将主体建筑和附属建筑进行连接，最后制作营帐的正门模型。下面开始本节实例场景的制作。

首先来制作屋顶的结构，在3ds Max视图中创建BOX基础模型，塌陷为可编辑的多边形，在面层级下选择顶面，利用Bevel（倒角）命令向上挤出，制作出坡顶结构（见图8-3）。

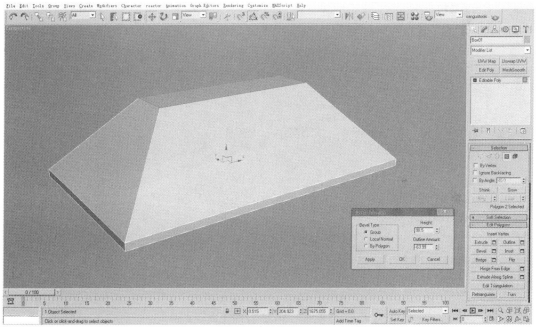

图8-3 创建BOX基础模型

在面层级下选择多边形底面，利用Inset（插入）命令进行面收缩处理，然后利用Extrude命令向下挤出，制作出屋顶下方的建筑结构（见图8-4）。

继续利用Inset命令连续进行两次面收缩操作，制作出包边结构。这里主要为后面的贴图做准备，因为屋顶结构高于玩家角色，当角色站在建筑下方时，屋顶底面的结构会一览无余，所以在这种情况下需要将屋顶底面的细节结构进行更好的处理（见图8-5）。

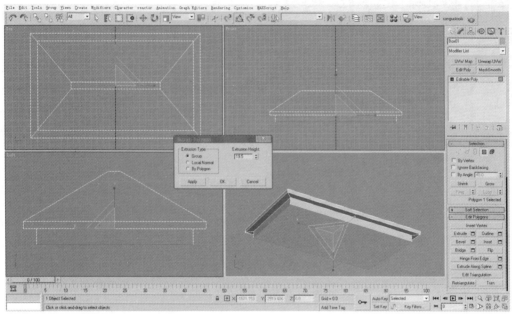

图8-4　收缩面结构

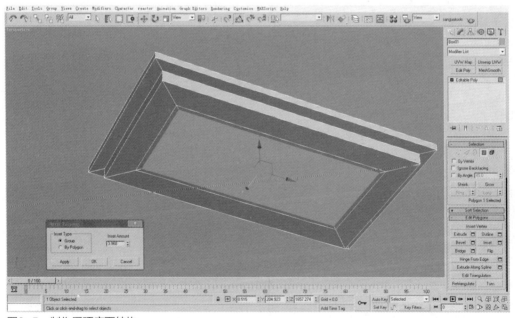

图8-5　制作屋顶底面结构

制作完屋顶的模型结构后再来制作房顶屋脊模型结构，主脊和侧脊都是利用简单的多边形编辑来完成，侧脊只需要制作一条，其他三条可以利用镜像复制得到（见图8-6）。关于屋脊的制作方法在前面的章节中已经讲解，这里不再过多涉及。

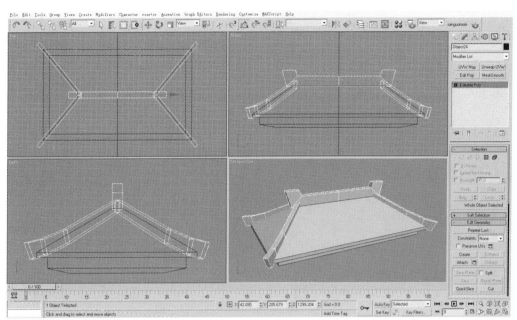

图8-6 制作房顶屋脊模型结构

利用六边形圆柱体制作立柱模型结构,并将其放置在屋顶底部的四角位置(见图8-7)。

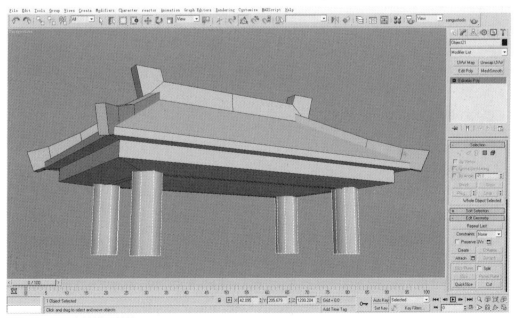

图8-7 制作立柱模型结构

接下来制作支撑立柱的平台模型结构,利用BOX模型进行简单的多边形编辑,平台下方底面向内收缩,顶面利用Inset命令制作出包边结构,同样是为了后面贴图做准备(见图8-8)。

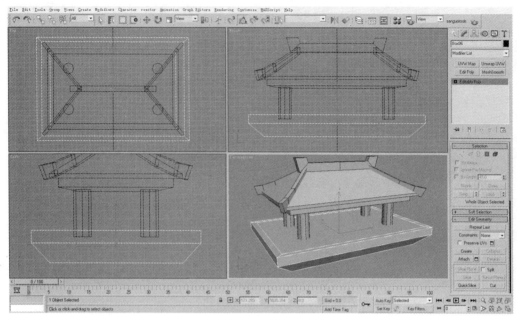

图8-8　制作平台模型结构

然后制作建筑下层的屋顶模型，这里我们可以完全复制上层的屋顶和屋脊模型结构，将其放大后放置在平台下方（见图8-9）。

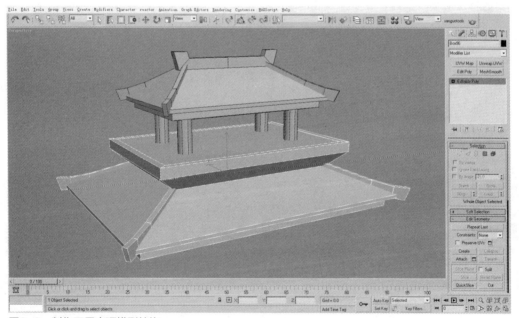

图8-9　制作下层房顶模型结构

利用BOX模型制作二层平台周围的围栏模型结构，主要是为了增加模型的细节，如果建筑的规模较大，需要的栏杆数量过多，我们也可以利用Plane模型和Alpha贴图来实现围栏效果，毕竟这个位置距离玩家角色较远，不容易出现"穿帮"现象（见图8-10）。

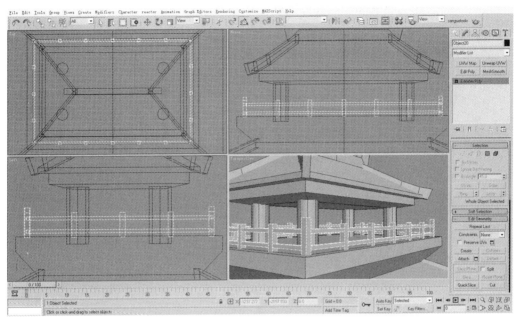

图8-10 制作围栏模型结构

接下来制作建筑下层的立柱支撑结构,利用BOX模型编辑出带有柱墩的四边形立柱模型,然后另外复制出三根立柱,按图8-11中的位置排列,在方形立柱之间制作出横梁结构,注意侧面横梁的特殊造型,我们可以把这一组支撑结构作为单元结构以供后面复制使用。

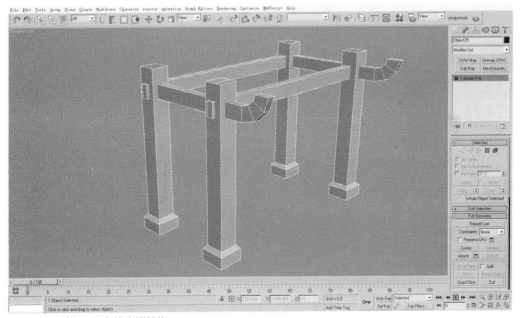

图8-11 制作下层立柱支撑结构

将立柱单元结构放置在屋顶下方一层,另一侧利用镜像复制来完成(见图8-12)。

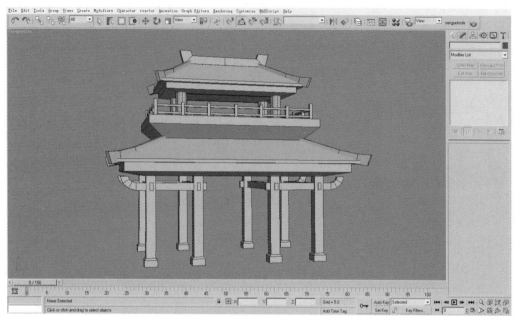

图8-12　镜像复制立柱模型

然后制作主楼一侧的建筑模型结构，这里的屋顶和屋脊模型完全可以利用复制来完成，只需要利用缩放命令进行简单的比例调整；屋顶下方的支撑结构仍然可以复制上面制作完成的单元结构，稍作简单调整即可（见图8-13）。

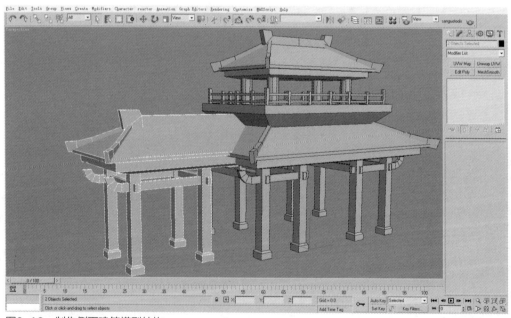

图8-13　制作侧面建筑模型结构

完成了上面的制作后，另一侧建筑模型我们通过镜像复制来完成，这样营帐正面的主体建筑模型就基本制作完成了（见图8-14）。下面我们开始地基部分的制作。

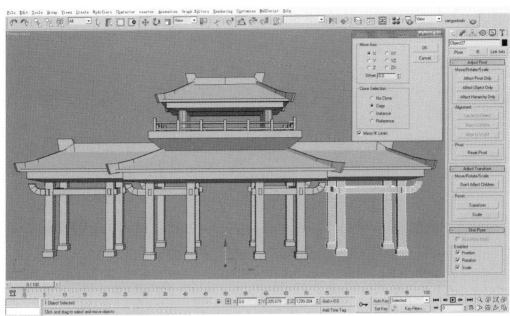

图8-14 制作完成的主体建筑模型

在视图中利用BOX模型编辑制作出地面平台的基本形状,然后在面层级下选中模型所有顶面,利用Inset命令向内收缩,制作出边缘的包边结构,距离玩家角色较近的模型边缘,包边是必不可少的转折过渡手段(见图8-15)。

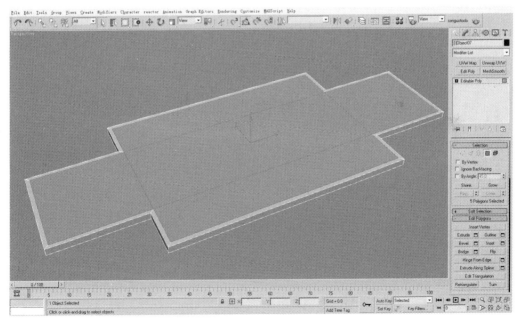

图8-15 制作地面平台模型

接下来制作地面平台下方的地基模型结构,这里我们就利用矩形木板和圆柱来实现地基与地表的过渡衔接,在地面平台转角处放置圆柱体模型,并将矩形木板按照图8-16的方式排列。这是本节中场景模型需要与周围地形地表融合衔接之处，如果实际游戏场景中地形起伏较大，我们可以将木板和圆柱的离地距离拉高，这样更能方便插入地表之中，实现良好的过渡效果。

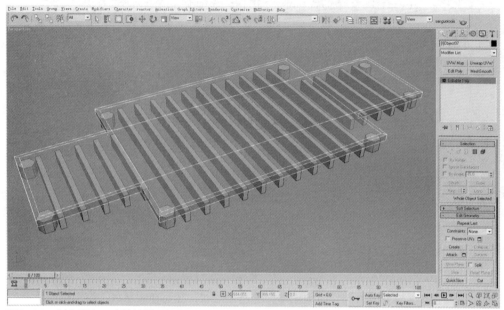

图8-16　制作平台下方地基模型结构

接下来制作楼梯模型，这里的楼梯是用来连接营帐建筑地基平台与场景地表的，玩家角色借由楼梯可以进入营帐建筑内部。楼梯的高度和台阶数目是由地基平台距离场景地表的高度决定的，平台距离地面越高，楼梯的垂直距离就越高，台阶数目就越多。楼梯的结构非常简单，只是由台阶木板和下面的支撑木板构成（见图8-17）。

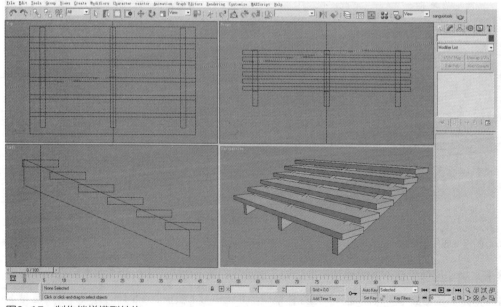

图8-17　制作楼梯模型结构

最后在地基平台上添加围栏，这里仍然可以利用复制来实现，然后将建筑主体、地基与楼梯正确组合衔接，这样营帐主体的建筑模型就全部完成了（见图8-18）。

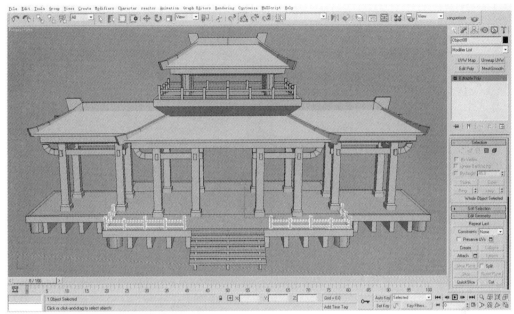

图8-18　制作完成的主体建筑模型

完成营帐主建筑模型后再来制作两侧的附属建筑，其实附属建筑完全可以利用复制的模型结构进行拼凑，包括屋顶、屋脊、立柱支撑结构、地基平台以及楼梯，以上这些结构通过简单调整就可以实现最终的建筑效果（见图8-19）。

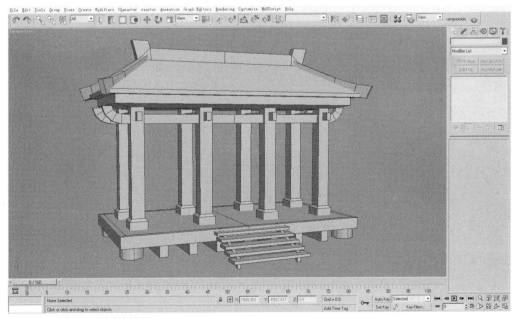

图8-19　制作附属建筑模型

将附属建筑进行Group（成组）操作，按照顶视图中的位置示意进行复制排列，主体建筑与附属建筑以及附属建筑之间我们利用木板结构进行连接，这样营帐整体的建筑模型结构就制作完成了（见图8-20）。

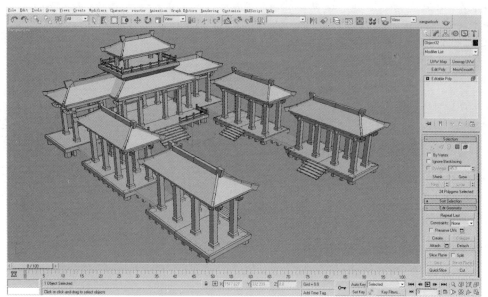

图8-20　利用复制完成全部附属建筑

接下来我们制作营帐的正门模型。首先在视图中创建分段数为2的六边形圆柱体模型，将其塌陷为可编辑的多边形，在点层级下选中顶面的所有顶点，然后在视图中单击鼠标右键，在弹出的快捷菜单中执行Collapse命令，将选中的顶点全部焊接在一起，这样我们就完成了木桩的制作，在后面门模型的制作中会大量复制利用这个模型元素（见图8-21）。

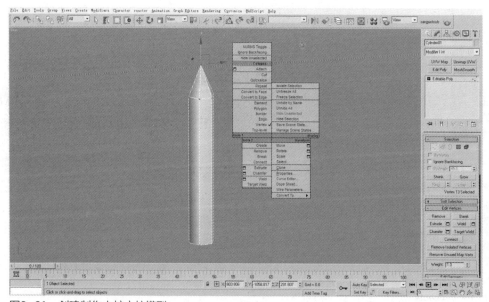

图8-21　创建制作木桩立柱模型

利用复制命令将制作好的木桩模型按照图8-22的结构分布排列组合,形成基本的营帐门体结构。

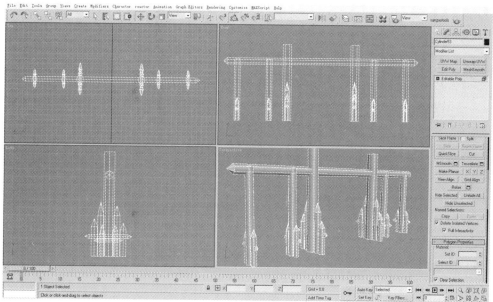

图8-22　制作完成营帐门体结构

复制之前制作的屋顶和屋脊结构,将其放置在门框模型的顶部,这样正门模型就基本制作完成了(见图8-23)。然后制作门两侧的围栏结构,仍然是利用木桩模型组合拼接而成(见图8-24)。将主体建筑结构与门模型拼接在一起,这样营帐建筑整体模型就制作完成了(见图8-25)。

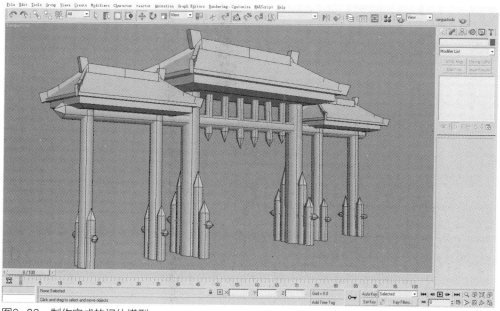

图8-23　制作完成的门体模型

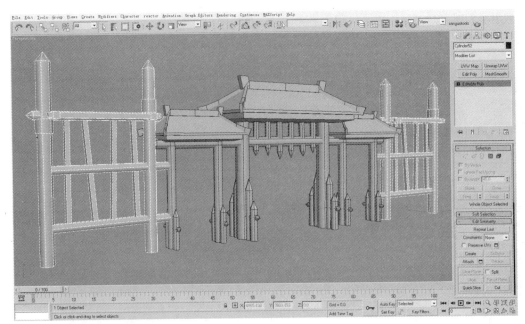

图8-24 制作两侧围栏结构

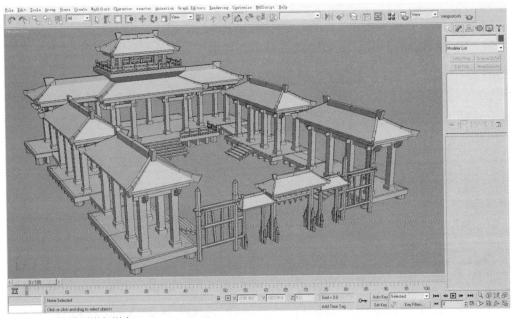

图8-25 将模型进行拼合

最后制作环绕在营帐建筑周围的帐布。我们通过创建Plane面片模型加上后期的贴图来实现这个效果,首先在视图中创建纵向分段数为5的Plane模型,将其围绕在主体建筑两侧和后方,编辑制作成图8-26中的形状,要注意上边缘与建筑的衔接处理。

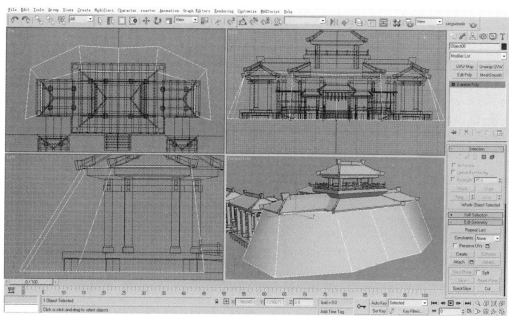

图8-26 制作帐布模型结构

接下来对Plane模型布线,增加分段结构,进一步细化模型,让Plane模型变得更加柔化,更加具备帐布的物理特性(见图8-27)。

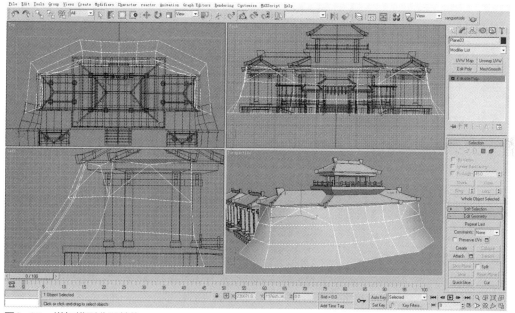

图8-27 增加模型分段结构

利用同样的方法,为附属建筑制作添加帐布模型,同样要合理地增加分段,通过点线的调整,体现出帐布的特点,要注意帐布与屋顶的衔接过渡,避免出现"穿帮"现象(见图8-28)。

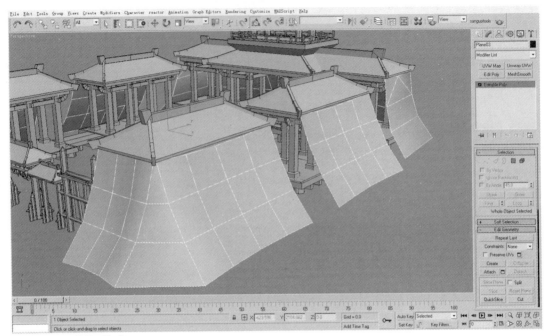

图8-28 调整模型细节

最后我们利用Plane模型制作一块方形的帐布,用来遮挡建筑之间的缝隙,实现封闭式的营帐效果,这样营帐场景的模型部分就全部制作完成了(见图8-29)。

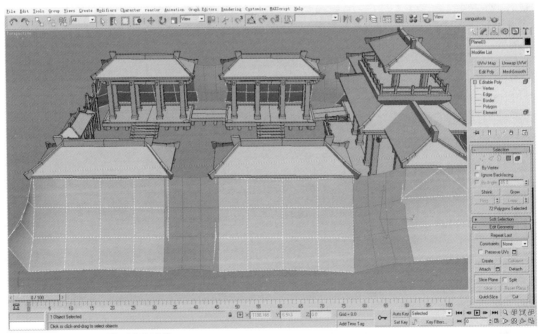

图8-29 利用Plane模型进行遮挡

8.2 为场景模型添加贴图

场景模型制作完成后就是贴图的工作,虽然模型比较复杂,但由于重复结构较多,所以模型用到的贴图数量很少,整体贴图工作分为几个大的部分:屋顶和屋脊、立柱支撑结构、地面平台和楼梯、正门和帐布,图8-30～图8-34是模型各部分贴图的细节效果。

图8-30　屋顶贴图效果

图8-31　建筑立柱贴图效果

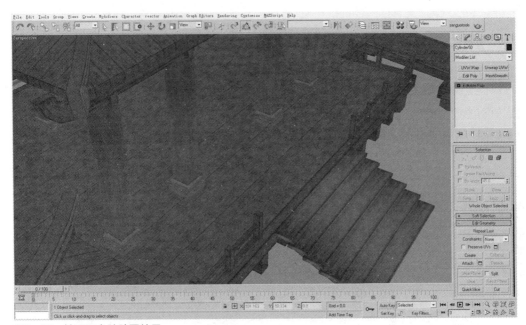

图8-32 地面和台阶贴图效果

图8-33 正门模型贴图效果

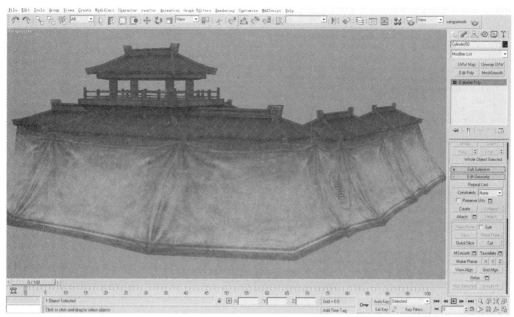

图8-34 帐布贴图效果

全部工作完成以后,我们在主营帐内部添加屏风、案几、地毯、武器架等场景道具模型,丰富场景细节,烘托整体氛围(见图8-35)。图8-36是场景最终完成的效果,整体场景模型面数控制在10000个以内。

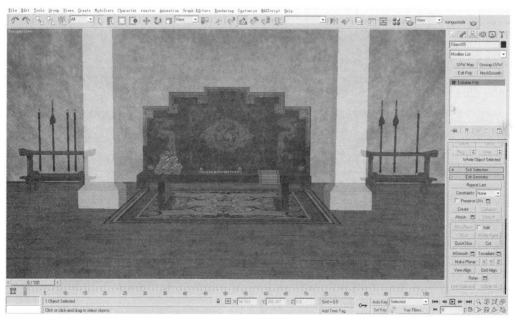

图8-35 主营帐内部的场景道具模型

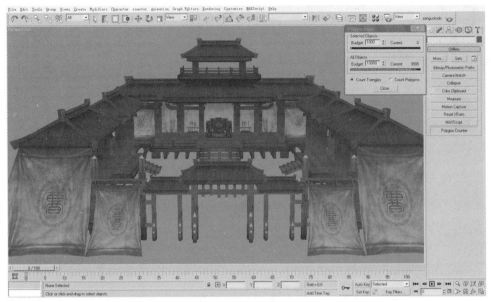

图8-36　营帐模型最终效果

8.3　三维模型与地图场景的拼接与整合

在实际游戏当中，营地场景除了主营帐外，周围通常还要分布大量的小营帐，我们在3ds Max中模拟一下实际场景，利用Plane模型模拟制作出山体地表，然后导入制作完成的小型营帐模型，将其复制分布排列（见图8-37）。图8-38是游戏中场景的实际效果。

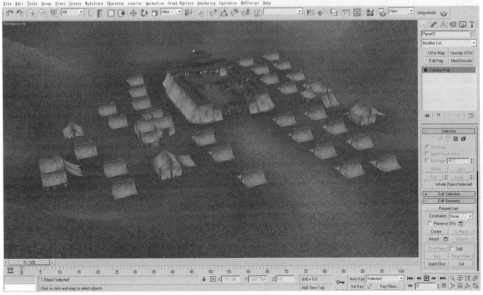

图8-37　制作营地场景

图8-38 游戏中场景的实际效果

第9章 三维游戏场景洞窟实例制作

9.1 洞窟场景的制作流程

洞窟场景是一种极为特殊的游戏场景类型,它相当于游戏室内场景、建筑场景、野外自然场景的一个综合体。因为在洞窟场景中既包括山石岩体等自然场景元素,也包括人造建筑元素,同时还遵循了游戏室内场景的构建规则(见图9-1),所以洞窟场景在游戏场景的整体制作中属于复杂的高级制作内容,在掌握了建筑场景和自然场景的制作方法后,可以开始着手研究洞窟场景的制作技巧。下面首先来介绍一下洞窟场景的一般制作流程。

图9-1 洞窟游戏场景

1. 制作洞窟地面,确立场景区域

洞窟场景在结构上相对于一般场景的最大区别就是,洞窟场景的地面通常崎岖不平、有明显高低错落的层次感,所以在制作时首先要确定地面的模型结构,以地面作为整个场景的搭建基础,这也是洞窟场景在制作上一个极为特殊的地方(见图9-2)。

2. 制作洞壁和洞顶的山石模型结构

在制作完洞窟的地面结构以后,我们就以地面模型为基础,沿着地面边缘开始制作洞壁模型。如果把洞窟场景看作一般的室内场景,那么洞壁就是室内场景的墙壁结构,与一般的室内场景墙壁结构最大的区别就是洞壁为不规则的山石模型结构,所以在制作的时候可以利用山石模型的制作原理来进行制作,当洞壁制作完成后,紧接着进行封顶来制作洞顶的山石模型结构(见图9-3)。

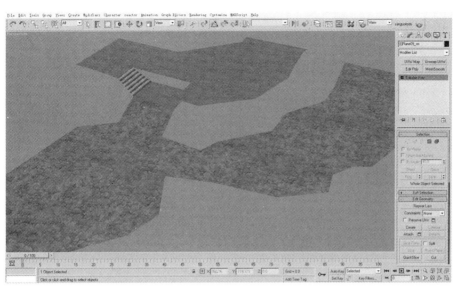

图9-2 制作地面模型结构

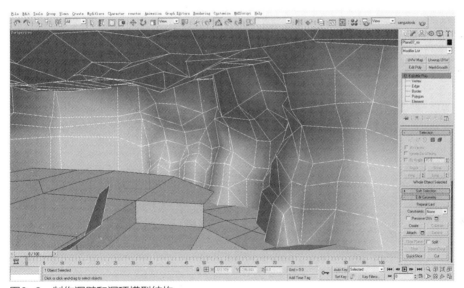

图9-3 制作洞壁和洞顶模型结构

3. 制作单体岩石模型

岩石模型应用在洞窟场景中主要有两大作用,一是作为场景道具模型来装饰、丰富场景细节;二是作为岩壁结构来对整体场景进行切割划分,为场景结构增加多样性变化(见图9-4)。

4. 为洞窟内部添加场景道具模型

在制作完洞窟场景的地面、岩壁、洞顶等基本模型结构后,我们就完成了对洞窟整体场景空间的搭建,接下来就需要在场景内部添加大量的场景道具模型,来丰富场景细节,营造和烘托场景主题氛围(见图9-5)。

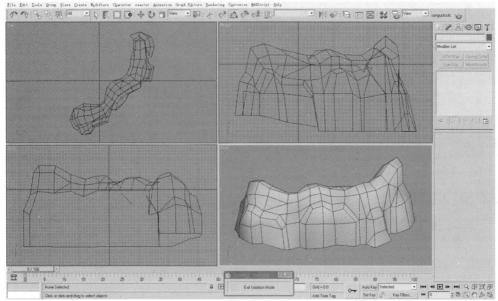

图9-4 制作岩石模型

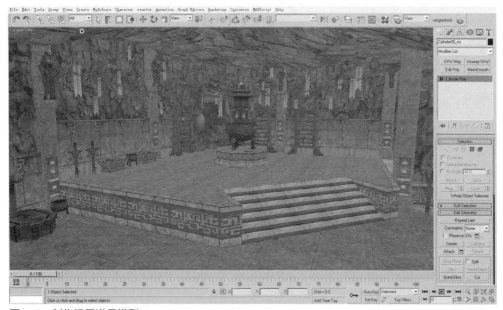

图9-5 制作场景道具模型

5. 布置灯光效果，烘托场景氛围

洞窟场景由于自身特点决定了其场景内部必须依靠光源来照亮环境，所以对于洞窟内部灯光效果的布置成了制作后期一个非常重要的环节。通常来说，洞窟场景要营造阴森、压抑、恐怖的氛围和感觉，这决定了我们在布光时要利用冷色调作为场景的环境光，同时利用暖色调的点光源来照亮场景主体，这就是洞窟场景布光的基本原则（见图9-6）。

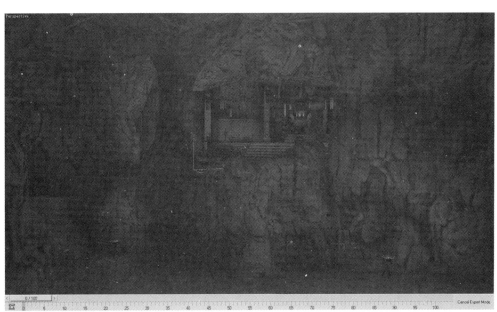

图9-6 灯光渲染场景效果

6. 制作洞窟出入口，处理场景衔接

完成了以上所有步骤后我们就结束了洞窟独立场景的制作，最后我们要将洞窟场景与其他场景环境相连接，我们既可以将制作的多个洞窟进行内部连接，也可以将洞窟与野外地图场景进行连接，我们要通过"门"的结构来实现连接，所谓的"门"，就是我们在洞窟岩壁或者野外地表山体上挖出的"空洞"，将需要实现连接的模型表面进行删除操作，然后通过岩石模型对空洞之间的区域进行衔接处理，最终完成场景空间区域的连通（见图9-7）。

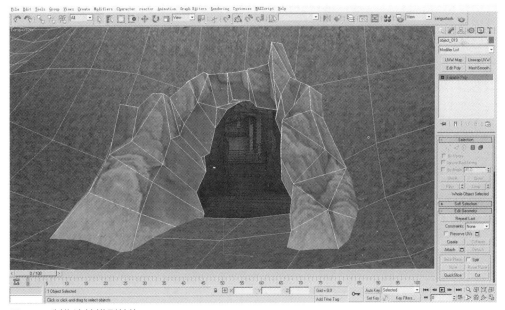

图9-7 制作连接模型结构

9.2 洞窟场景模型的制作

图9-8是本节洞窟实例场景结构的顶视效果，图右侧为场景结构设定图，图中Z1、Z2、Z3为洞窟场景的地面区域，粉红色Z1区域的地势最低，淡红色Z2区域较之升高，深红色Z3区域地势最高，绿色部分为连接地面区域的楼梯结构，最上端F区域是连接Z3与Z1区域的大落差阶梯结构，蓝色S1与S2区域是用于隔断场景的岩体结构。

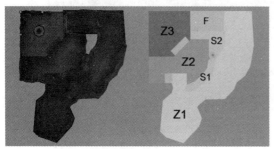

图9-8　场景结构顶视效果

场景的制作顺序我们就按照上面介绍的洞窟场景一般制作流程来进行制作。首先制作Z1、Z2、Z3地面及周围岩壁模型，然后制作S1、S2岩体模型结构以及楼梯部分，接下来添加场景道具模型，最后进行场景布光和连通周边场景环境。下面我们开始本节的实例制作。

首先根据结构顶视图，在3ds Max视图中利用Plane模型编辑制作出Z1和Z2的地面区域模型（见图9-9）。

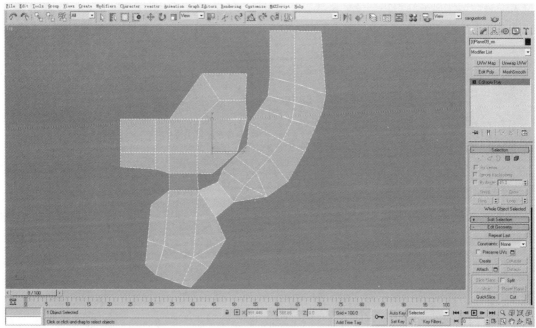

图9-9　制作地面区域模型

调整地面模型高度落差，同时制作出连接部分的楼梯结构（见图9-10）。

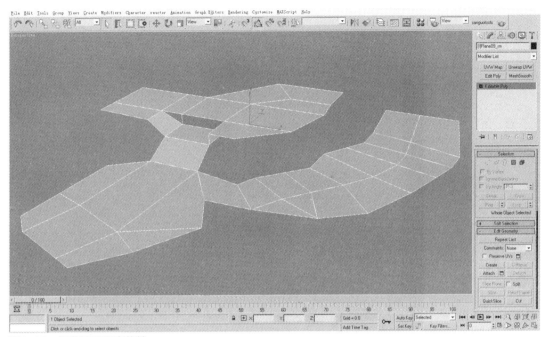

图9-10　调整地面高度落差

利用编辑多边形制作出Z3区域的平台地面和楼梯模型，利用Inset命令将平台地面收缩制作出包边结构，为后面贴图做准备（见图9-11）。

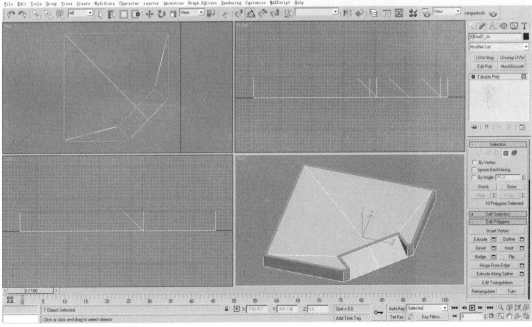

图9-11　制作平台地面模型

将制作好的Z1、Z2、Z3区域模型拼接到一起,这样就完成了洞窟场景的地面区域结构(见图9-12)。

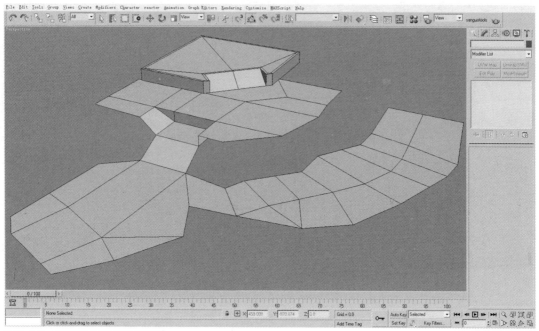

图9-12　拼接三个区域地面模型

进入3ds Max顶视图,根据地面区域模型在创建面板下利用Line工具绘制出样条线,规划出洞窟内部岩壁的基本形状(见图9-13)。

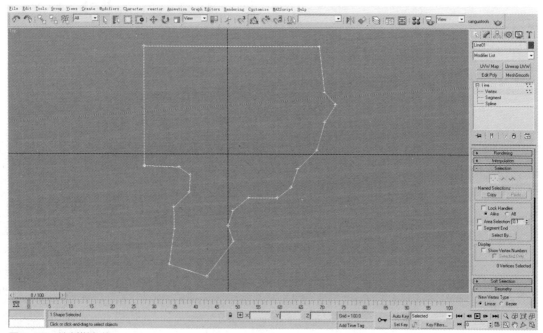

图9-13　绘制样条线

将绘制的曲线塌陷为可编辑的样条曲线,在堆栈面板中添加Extrude(挤出)命令,拉伸出岩壁的基本模型结构(见图9-14)。

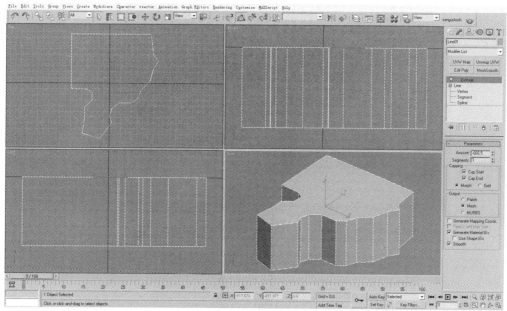

图9-14　挤出样条线模型

将挤出的样条线模型塌陷为可编辑的多边形,删除底部的模型面,在堆栈面板中为其添加Normal(反转法线)命令,这样就基本形成了封闭的室内空间,切换到透视图模式来进行观察(见图9-15)。

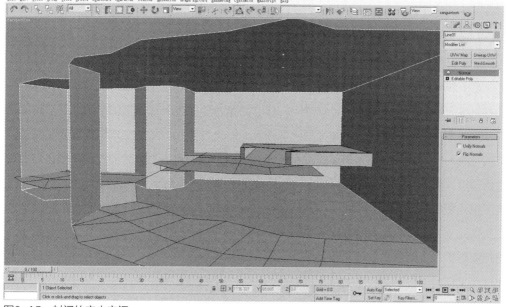

图9-15　封闭的室内空间

通常我们利用Extrude命令挤出的模型底面和顶面都是多顶点的多边形面，顶点之间没有布线划分，所以接下来我们要利用画线将顶面的各个顶点连接起来，具体操作就是在透视图中利用Cut命令进行切割布线，对于布线的方式并没有太多要求，只要保证中间每个多边形面所围成的定点数不超过4（见图9-16）。

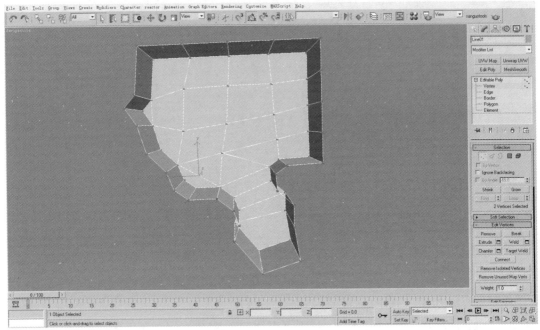

图9-16　进行切割布线

在完成以上的工作后，洞窟场景的地面、岩壁、洞顶等基本空间模型结构就完成了，下面我们要对洞窟的岩壁和洞顶进行大规模的多边形编辑处理，让其看上去更具有岩石的特性，通用的基本方法就是利用切割布线增加岩壁模型细节，然后通过多边形点、线、面的编辑让原来平整的模型变得富有岩石的凹凸感（见图9-17）。

可能对于新手来说，将平面模型整体编辑制作成岩壁的过程过于复杂，我们也可以换一种思路。首先将大量的单体岩石模型进行堆砌，让它们紧密分布排列成岩壁的形状；然后删除场景以外背面的多边形面；最后将单体模型之间的点、线进行焊接，从而完成整体岩壁模型的制作。其实岩壁的制作是一个极为烦琐的过程，期间需要大量的耐心与细致的操作处理，这也是对游戏场景设计师身心的一种历练。图9-18是最终完成的洞顶模型结构布线。

接下来我们制作Z3区域平台周围的岩壁模型，我们要在Z3区域内布置大量人工建筑景观模型，所以此处在岩壁和地面的处理上要有别于场景中洞窟岩壁的自然效果，我们在岩壁下方制作出墙面结构，之间穿插放置立柱模型，墙面和立柱模型只需要制作一组，其他可以通过复制来完成（见图9-19）。

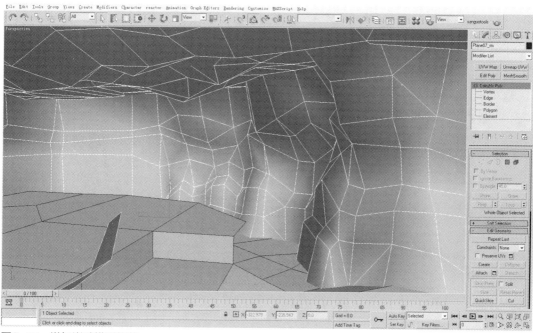

图9-17 增加岩壁模型细节

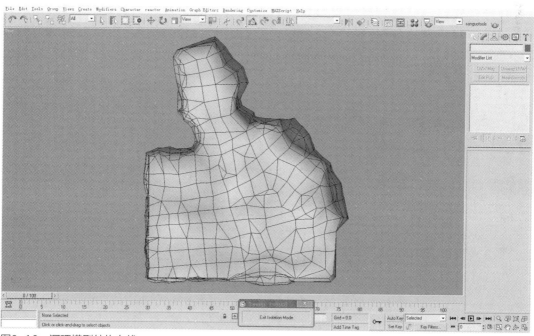

图9-18 洞顶模型结构布线

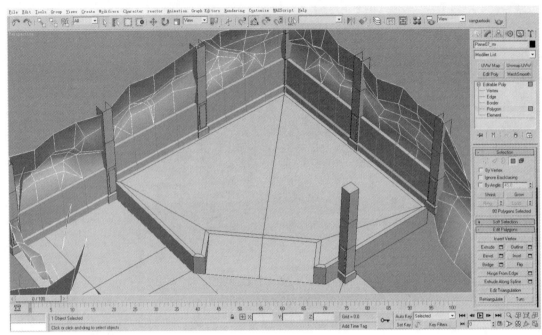

图9-19　制作墙面模型

我们制作一组单体岩石模型，作为S1位置的岩壁隔断，主要用来填补Z1和Z2地面之间的镂空缝隙，岩石的形状要根据地形要求来制作（见图9-20）。图9-21是单体岩石模型整合到洞窟场景中的效果。

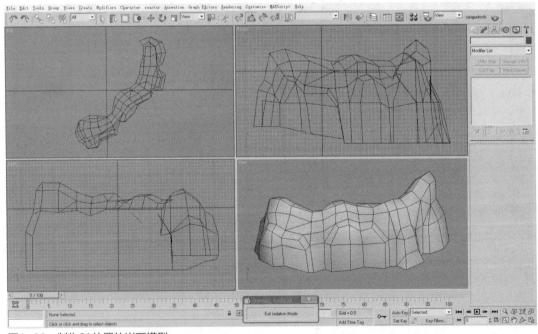

图9-20　制作S1位置的岩石模型

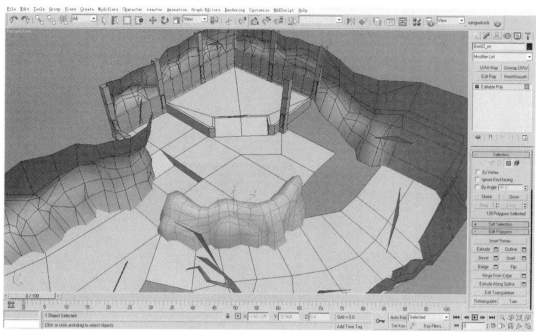

图9-21 将S1位置的岩石模型整合到场景中

然后我们来制作S2位置的隔断岩石模型,这里的岩石模型上端要与洞顶相连接,整体形状呈90°转折,为了与Z2和Z3区域呼应,内侧岩壁下方也制作出墙壁结构(见图9-22)。图9-23是将岩石模型整合到场景中的效果,通过S2岩石模型我们将洞窟场景整体进行了区域分割,丰富了场景结构的多样性。

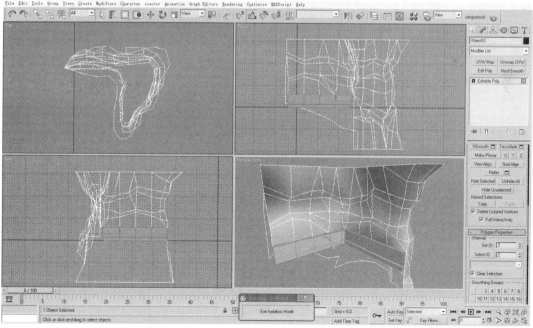

图9-22 制作S2位置的岩石模型

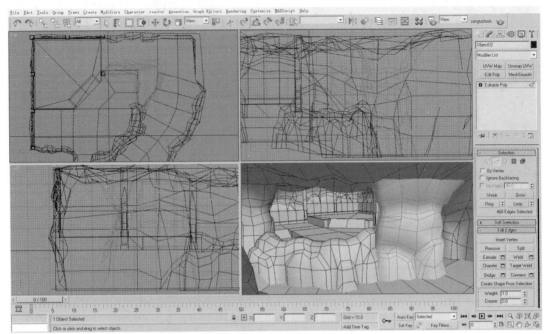

图9-23 将S2位置的岩石模型整合到场景中

接下来我们利用八边形圆柱体制作柱形岩石模型,将其放置在Z2区域内(见图9-24),同样是为了切割划分场景,丰富场景结构。

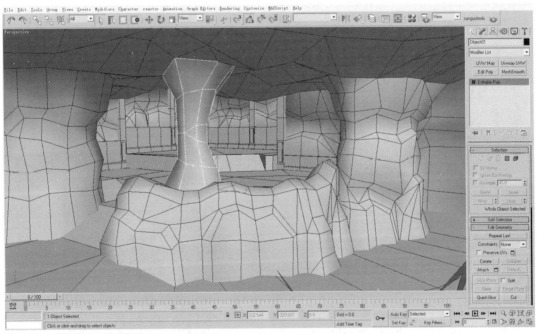

图9-24 制作柱形岩石模型

在视图中利用Plane模型制作场景顶部F区域的楼梯台阶模型,这里我们也可以利用创建面板下的楼梯模块来制作(见图9-25)。图9-26是将楼梯模型整合到场景中的效果,要注意楼梯与两侧岩壁的衔接处理。

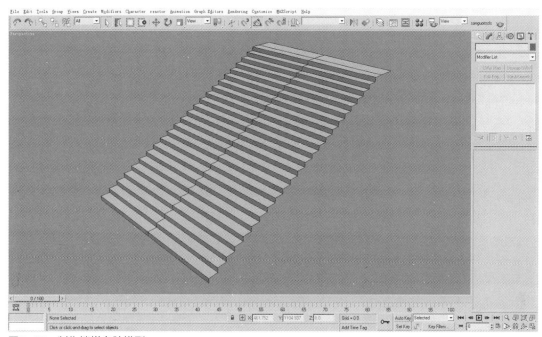

图9-25　制作楼梯台阶模型

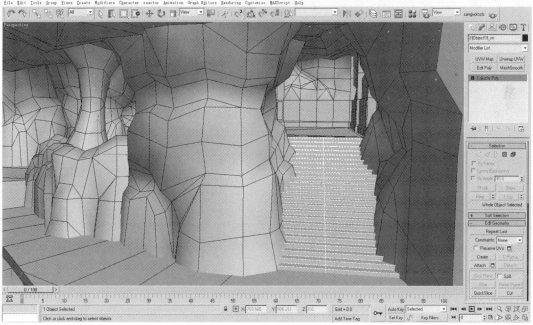

图9-26　将楼梯模型整合到场景

洞窟场景的空间结构完成以后，我们在Z3区域内导入场景道具模型，在平台中央放置铜炉模型，立柱的上端添加雕刻装饰道具模型，在平台区域转角处放置人形雕塑模型（见图9-27），后面我们还会继续导入各种装饰道具模型，场景模型制作完成后我们开始为其添加贴图。

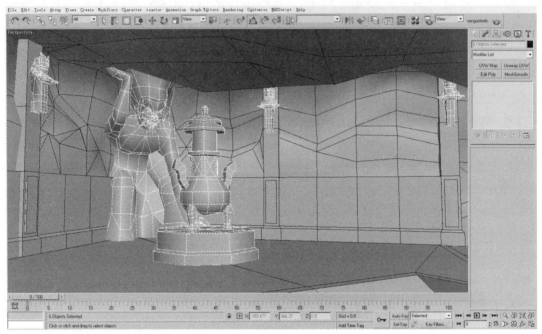

图9-27　添加场景道具模型

9.3　为场景模型添加贴图

首先是Z1和Z2地面区域的贴图处理，Z1地面区域我们利用了自然的土石材质贴图，Z2地面区域我们添加了带有泥土的方形石砖材质贴图，主要为了和Z3区域的人造石砖模型进行过渡（见图9-28）。岩壁、洞顶和单体岩石模型我们都利用了同一张四方连续的岩石材质贴图（见图9-29）。图9-30是Z3平台区域内的模型贴图处理，墙壁、立柱和地面都是带有雕刻纹饰的石质建筑贴图，要注意平台边缘的包边贴图处理，香炉和立柱上端的雕刻装饰为青铜材质。

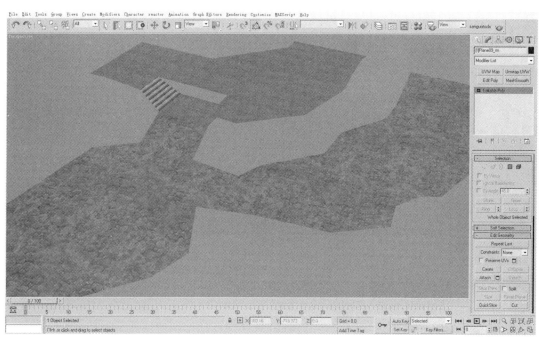

图9-28 地面模型贴图

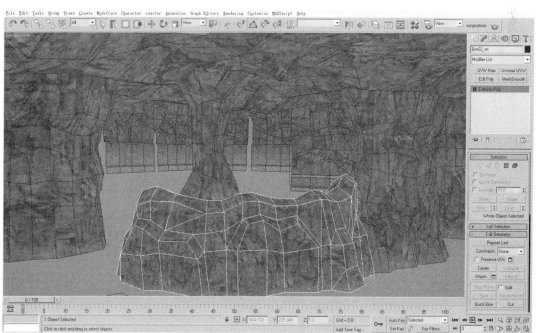

图9-29 岩壁、洞顶和岩石模型贴图

图9-30 其他场景贴图效果

随后我们继续导入添加场景道具模型，例如石桌、铜鼎、火盆、书架等，立柱上端的装饰模型和铜炉之间利用铁链相连接，铁链是利用十字片Plane模型和Alpha贴图来制作完成，同时在洞壁和铁链上添加大量符咒，用来烘托场景整体氛围（见图9-31）。图9-32是场景局部的细节效果，图9-33是场景整体贴图效果。

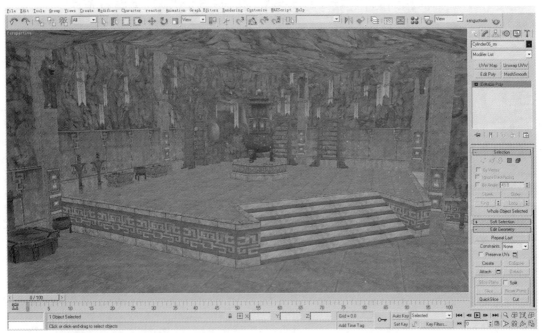

图9-31 场景道具模型贴图效果

图9-32 场景局部的细节效果

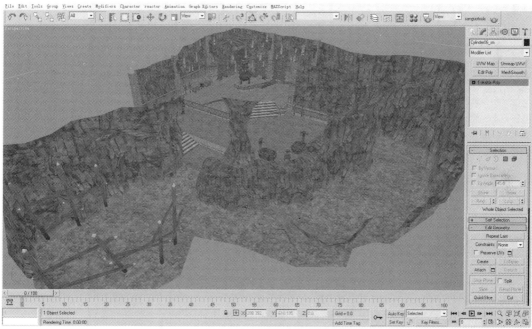

图9-33 场景整体贴图效果

9.4 场景的布光处理

洞窟场景整体模型和贴图的工作完成以后,需要对场景进行整体布光处理,为了营造场景阴森恐怖的氛围,我们将淡绿色作为场景的主体环境光色调,在铜炉周围利用紫色的点光源进行区域照亮(见图9-34)。在Z1区域的洞窟通道中,我们在火盆处设置暖色调的点光源来对环境进行区域照亮(见图9-35)。通常来说,场景的布光工作我们是在模型导入游戏引擎后,利用游戏引擎中的灯光系统来完成,这里我们在3ds Max中利用顶点色渲染技术来模拟场景的布光效果,图9-36为场景布光完成后的整体效果。

图9-34 场景环境光色调

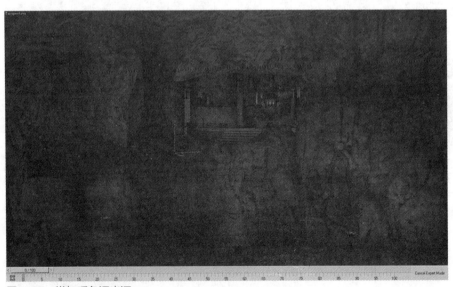

图9-35 增加暖色调光源

图9-36　场景整体的布光效果

9.5　三维模型与地图场景的拼接与整合

　　至此洞窟场景就制作完成了。在实际的游戏项目制作中我们并不是只为了制作一个独立的洞窟，最终必须与周围环境相连接，实现与大环境的融合。如果是制作游戏副本或者地下城，我们可以制作一个个不同的独立洞窟场景，然后将不同场景之间利用通道进行连接，这样就形成了具有一定规模的封闭场景（见图9-37）。在本节实例最后，我们要将制作完成的洞窟场景导入游戏地表场景中，形成野外游戏环境中的半封闭洞窟场景。

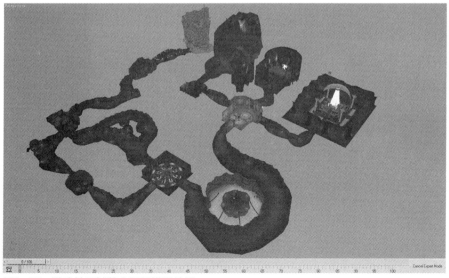

图9-37　游戏地下城整合场景模型效果

首先确定洞窟场景中需要作为出入口的位置，选择岩壁模型，通过Cut命令切割布线划分出洞口，然后将作为洞口的多边形面删除（见图9-38）。

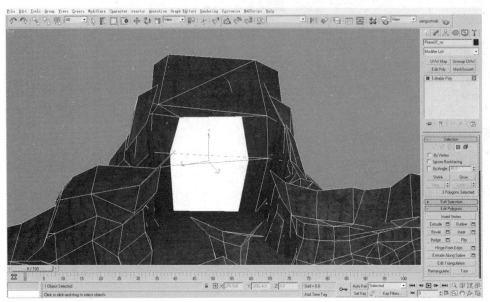

图9-38　确定洞窟场景洞口位置

在3ds Max中利用模型模拟游戏引擎中的地形地表，同样确定地表洞窟入口的位置，选择相应的多边形面删除（见图9-39）。

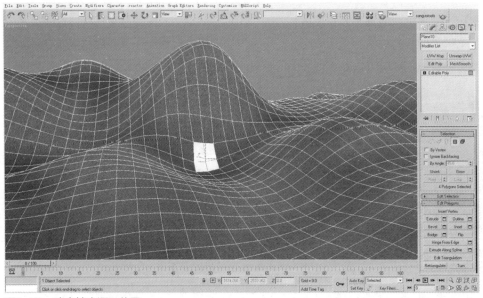

图9-39　确定地表洞口位置

将之前完成的洞窟模型导入场景当中，并将其放置在山体地表内部，调整位置，尽量与地表洞口对齐（见图9-40）。

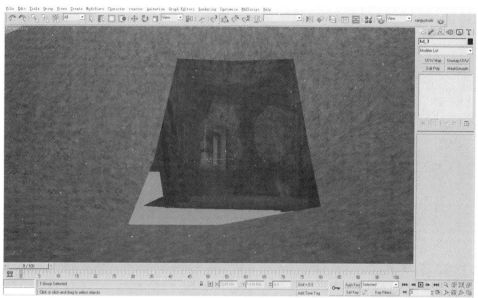

图9-40　对齐地表与洞窟场景出入口位置

在场景中导入一块岩石模型，将其放置在地表洞口和洞窟洞口之间，这块岩石模型就是作为连通两个场景的"门"，"门"的模型结构必须保证洞口的多边形顶点全部包含在其内部，同时"门"模型的贴图要尽量与周围地表环境相融合，"门"的作用就是衔接，掩盖场景之间的缝隙和漏洞（见图9-41）。

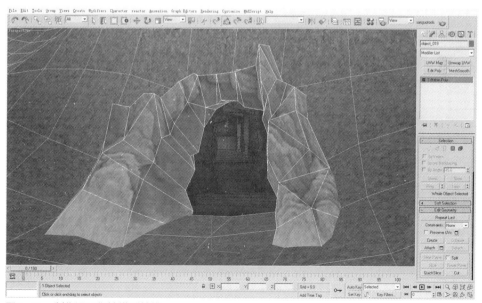

图9-41　制作洞口衔接模型结构

我们切换到洞窟内部来察看岩石模型，对其进行相应的调整，保证衔接的效果，尽量避免"穿帮"现象的发生（见图9-42），这样我们就将之前制作的洞窟独立场景与地表大环境场景相互连通，真正实现了野外游戏地图场景中的洞窟效果。

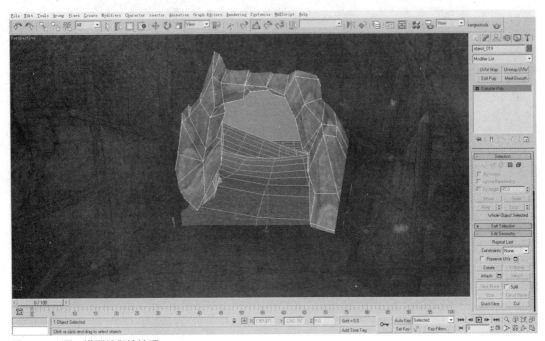

图9-42　洞口模型的衔接处理

10.1 三维游戏室内场景的特点

对于三维游戏项目中场景的制作，除了场景元素模型和建筑模型外，还有另外一个大的分类项目，那就是游戏室内场景的制作。如果把场景道具模型看作三维游戏场景制作的入门内容，那么场景建筑模型就是中级内容，而室内场景的制作就是高级内容。对于一般刚进入游戏制作公司的新人来说，公司也会按照这样工作内容顺序为其安排任务。

在三维游戏当中，对于一般的场景建筑仅仅是需要它的外观去营造场景氛围，通常不会制作出建筑模型的室内部分，但对于一些场景中的重要建筑和特殊建筑有时需要为其制作内部结构，这就是我们所说的室内场景部分。

除此以外，游戏室内场景另一大应用就是游戏地下城和副本。所谓的游戏副本，就是指游戏服务器为玩家所开设的独立游戏场景，只有副本创建者和被邀请的游戏玩家才允许出现在这个独立的游戏场景中，副本中的所有怪物、BOSS、道具等游戏内容不与副本以外的玩家共享。2004年，美国暴雪娱乐公司出品的大型MMO网游《魔兽世界》正式确立了游戏副本的定义，同时《魔兽世界》也为日后的MMO网游树立了副本化游戏模式的标杆（见图10-1）。游戏副本的出现解决了大型多人在线游戏中游戏资源分配紧张的问题，所有玩家都可以通过创建游戏副本，平等地享受游戏中内容，使游戏从根本上解除了对玩家人数的限制。

图10-1 《魔兽世界》中的副本场景

对于游戏地下城和副本场景来说，由于其独立性的特点，在设计和制作的时候必定有别于一般的游戏场景，地下城或副本场景必须避免游戏地图中的室外共享场景，通常被设定为室内场景，偶尔也会被设定为全封闭的露天场景。所以地下城和游戏副本场景根本就没有外观建筑模型的概念，玩家整个体验过程大多是在封闭的室内场景中完成的，这种全室内场景模型的制作方法也与室外建筑模型有着很大的不同。那么究竟室外建筑模型和室内场景在制作上有什么区别？

我们首先来看制作的对象和内容。室外建筑模型主要是制作整体的建筑外观，它强调建筑模型的整体性，在模型结构上也偏向于以"大结构"为主的外观效果。而室内场景主要是制作和营造建筑的室内模型效果，它更加强调模型的结构性和真实性，不仅要求模型结构制作更加精细，同时对于模型的比例也有更高的要求。

然后再来看在实际游戏中两者与玩家的交互关系。室外建筑模型对于游戏中的玩家角色来说都显得十分高大，在游戏场景的实际运用中也多用于中景和远景，即便玩家角色站在建筑下面也只能看到建筑下层的部分，建筑的上层结构部分也成为等同于中景或远景的存在关系。正是由于这些原因，建筑模型在制作的时候无论是模型面数和精细程度上都要求以精简为主，以大效果取胜。而对于室内场景来说，在实际游戏环境中玩家角色始终与场景模型保持十分近的距离关系，场景中所有的模型结构都在玩家角色的视野距离之内，这要求场景中的模型比例必须与玩家角色相匹配，同时在贴图的制作上要求结构绘制更加精细、复杂与真实。综上，我们来总结一下室内游戏场景的特点。

（1）整体场景多为全封闭结构，将玩家角色与场景外界阻断隔绝（见图10-2）。

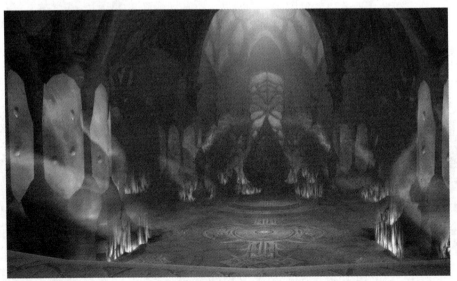

图10-2　全封闭的游戏室内场景

（2）更加注重模型结构的真实性和细节效果（见图10-3）。

图10-3　游戏室内场景细节效果

（3）更加强调玩家角色与场景模型的比例关系（见图10-4）。

图10-4　角色与游戏室内场景模型的比例

（4）更加注重场景光影效果的展现（见图10-5）。

图10-5　游戏室内场景中的光影效果

（5）对于模型面数的限制可以适当放宽（见图10-6）。

图10-6　模型复杂的游戏室内场景

在游戏制作公司中，场景原画设计师对于室外场景和室内场景的设定工作有着较大的区别。室外建筑模型的原画设定往往是一张建筑效果图，清晰和流畅的笔触展现出建筑的整体外观和结构效果。而室内场景的原画设定，除了主房间外，通常不会有很具体的整体效果设定，原画师更多会提供给三维美术师室内结构的平面图，还有室内装饰风格的美术概念设定图，除此之外并没有太多的原画参考，这就要求三维场景美术师要根据自身对于建筑结构的理解进行自我发挥和创造，在保持基本美术风格的前提下，利用建筑学的知识对整体模型进行创作，同时参考相关的建筑图片来进一步完善自己的模型作品。

对于三维游戏场景美术师来说，相关的建筑学知识是以后工作中必不可缺的专业技能，不仅如此，游戏美术设计师本身就是一个综合性很强的技术职业，要利用业余时间多学习与游戏美术相关的外延知识领域，只有这样才能为自己日后游戏美术设计师的成功之路打下坚实的基础。

10.2 游戏室内场景实例制作

三维游戏室内场景的制作通常分为三个步骤：首先要搭建室内的场景空间，然后要制作室内场景中的各种建筑结构和细节，最后再对场景内部添加各种场景道具模型以及特效等。图10-7为本节实例制作场景的最终完成效果图，整个场景是一个室内房间，四周为墙壁和立柱，一侧有透光的窗户，房顶有复杂的装饰结构，房间四周摆满书架，中间放置着一个较大的装饰模型。

图10-7 实例制作场景的最终完成效果图

这个场景在实际制作的时候就可以按照前面所说的三个步骤，首先来制作墙壁、地面和天花板等基本的空间结构，然后制作立柱、窗户等相对复杂的室内建筑结构，最后在房间内部添加书架等场景道具模型。下面我们开始场景的实例制作。

10.2.1 室内场景空间结构的搭建

首先，在3ds Max视图中创建长方形BOX模型，在堆栈命令列表中为其添加Normal修改器，让整个BOX法线反转，这样就形成了室内的墙壁结构（见图10-8）。将BOX塌陷为可编辑的多边形，进入多边形面层级，选中模型底面，通过Inset命令收缩模型面（见图10-9）。然后继续利用Extrude命令将模型面向下挤出，制作出地面四周的平台结构（见图10-10）。

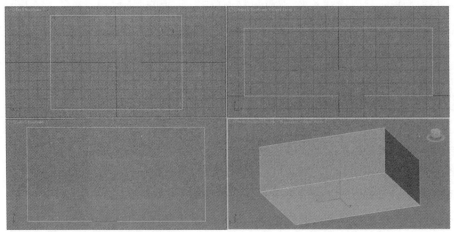

图10-8　创建BOX模型并反转法线

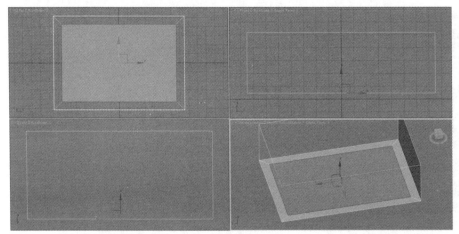

图10-9　收缩模型面

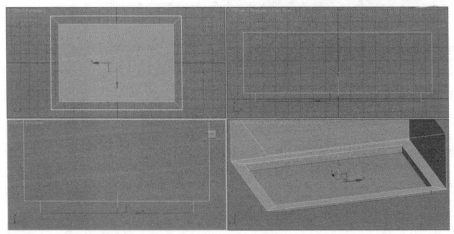

图10-10　挤出模型面

接下来进入多边形边层级，选中墙壁四周纵向的模型边线，通过Connect命令添加两道分段边线，并调整边线的位置（见图10-11）。然后通过Extrude命令向内挤出模型面，这里要选择Local Normal模式进行挤出，制作出墙壁上方的建筑结构（见图10-12）。

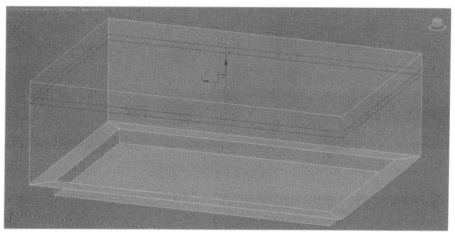

图10-11　添加分段边线

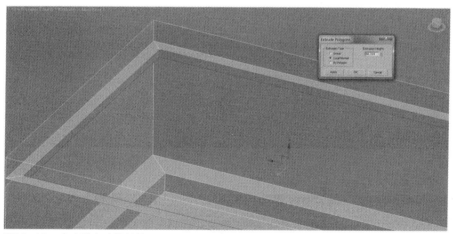

图10-12　向内挤出建筑结构

选中较长一段墙壁所有横向的模型边线，通过Connect命令增加4条分段边线，增加分段是为了后期贴图更便于调整（见图10-13）。

进入多边形点层级，选中新加分段一条边线上的所有顶点，利用点层级下的Make Planar命令进行对齐，让顶点都沿直线排列（见图10-14）。接下来开始制作天花板的基本结构，为了便于操作，我们可以选中BOX顶部模型面，利用Detach命令将其分离。然后通过Inset命令将模型面向内收缩，利用Extrude命令向上挤出（见图10-15）。通过Inset和Extrude命令继续向上制作室内天花板的模型结构（见图10-16）。这样整个室内基本的空间结构就制作完成了，效果如图10-17所示。

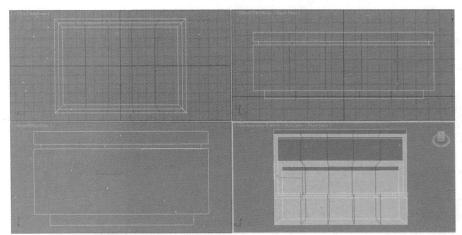

图10-13 增加分段边线

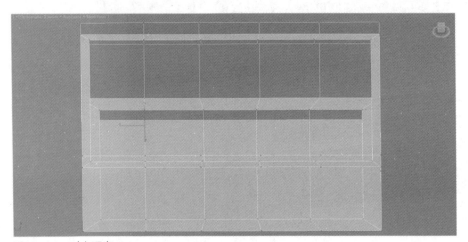

图10-14 对齐顶点

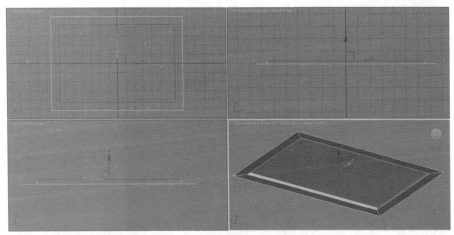

图10-15 编辑天花板结构

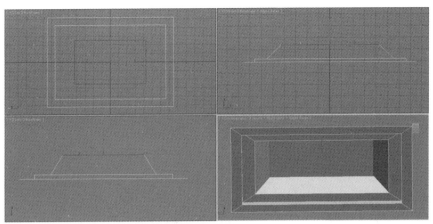

图10-16 完成天花板模型的制作

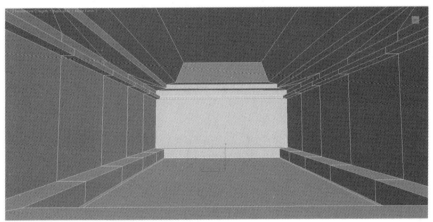

图10-17 制作完成的室内空间结构效果

10.2.2 室内建筑结构的制作

室内场景基本空间结构制作完成后,我们开始进一步制作室内的细节结构,主要包括立柱、门窗和地面装饰等。立柱分为两种,一种是房间四角的大型立柱,另一种是四周墙壁上的立柱,在实际制作中,相同结构样式的模型可以复制使用,提高工作效率,节省制作时间。

首先制作四角的大立柱,在3ds Max视图中创建八边形圆柱体模型,将其放置在房间一角(见图10-18)。将圆柱体塌陷为可编辑的多边形,进入多边形面层级,选中圆柱底面,利用Bevel命令制作出立柱下方的柱墩结构(见图10-19)。

立柱制作完成后我们发现模型有一部分已经嵌入了墙体内部,在实际游戏中这部分模型面是完全不可见的,所以我们可以将其进行删除,以节省场景的模型面数。接下来制作立柱上方的装饰模型结构,利用BOX模型编辑制作最上方的装饰结构(见图10-20)。然后同样利用BOX模型编辑制作下面的装饰结构(见图10-21和图10-22)。在立柱上方制作添加斗拱结构,增加模型的细节和丰富度，斗拱模型结构的制作方法在前面章节中已经讲过，这里不再过多涉及（见图10-23）。

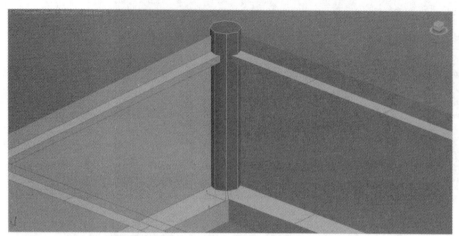

图10-18　创建八边形圆柱体模型

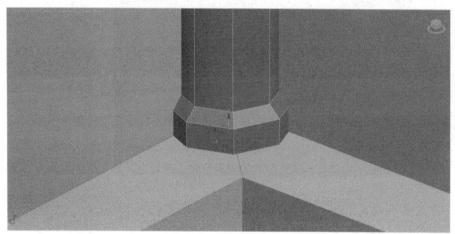

图10-19　制作柱墩结构

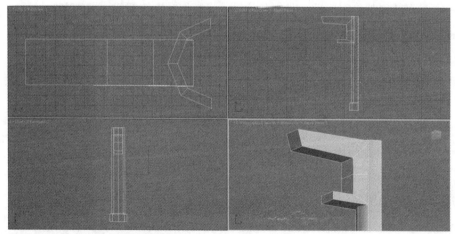

图10-20　制作立柱上方装饰结构

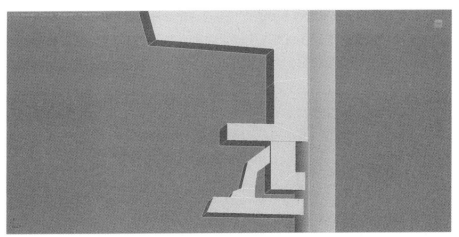

图10-21 制作立柱装饰结构

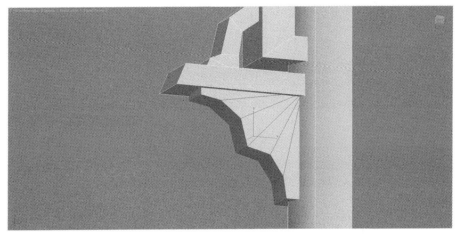

图10-22 制作下方装饰结构

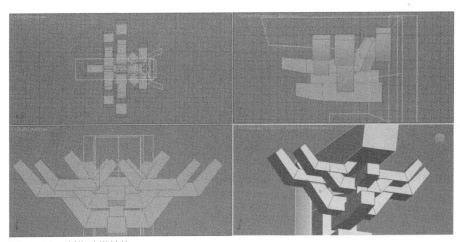

图10-23 制作斗拱结构

将制作完成的所有立柱结构全部结合（Attach）到一起，然后将模型的轴心点与室内空间中心进行对齐，接下来就可以利用镜像复制命令快速完成其他三个立柱模型，最后效果如图10-24所示。然后开始制作小型的立柱模型，柱体部分也是由圆柱体模型编辑而成，两侧的装饰结构可以直接复制在立柱上（见图10-25）。将制作完成的立柱进行复制，均匀布置在四周墙壁上，完成后的效果如图10-26和图10-27所示。

接下来制作房间一侧的窗户模型，窗户由三部分构成：两侧的立柱、中间的装饰结构以及面片部分。首先制作一侧的立柱以及上方的装饰结构（见图10-28），然后通过对称镜像复制完成另一侧模型（见图10-29）。最后创建面片模型穿插放置在立柱之间，如图10-30所示。

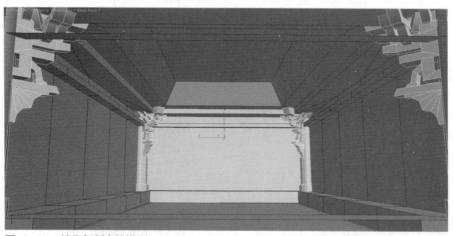

图10-24　镜像复制立柱模型

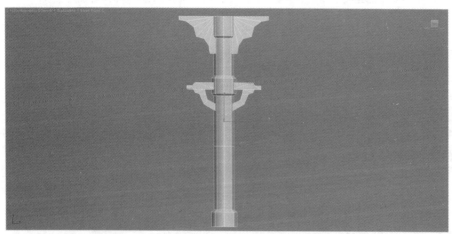

图10-25　制作小型立柱模型

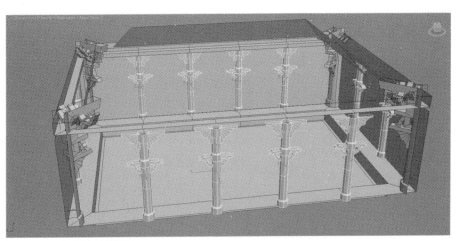

图10-26　复制立柱模型

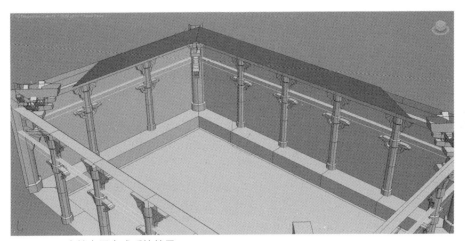

图10-27　立柱布置完成后的效果

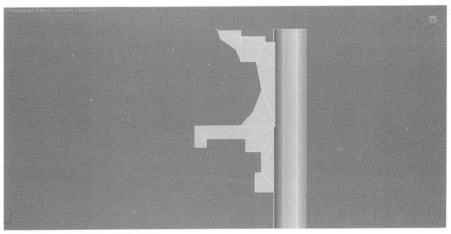

图10-28　制作立柱和装饰模型

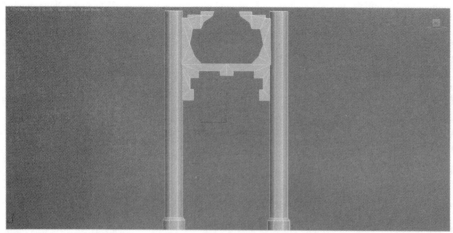

图10-29　镜像复制模型

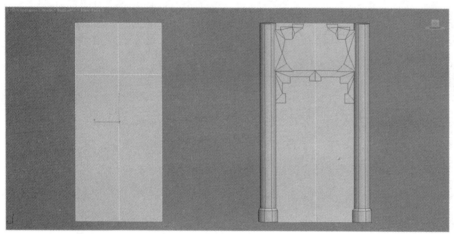

图10-30　制作添加面片模型

　　将制作完成的窗户模型复制放置在墙壁立柱之间（见图10-31）。接下来制作地面中间的装饰模型。由于室内空间面积较大，显得地面部分过于单一，而后期地面通常会添加四方连续贴图，制作装饰结构也可以打破贴图的重复性，增加场景的丰富度。在3ds Max视图中创建Tube模型，将模型的高度设置得小一些，这样就形成了圆环状的石板模型结构，可以根据模型在场景中面积的大小适当增加圆面的分段数（见图10-32）。然后在原环中间创建相同高度的圆柱体模型（见图10-33），圆柱体与圆环共同构成了一个地面装饰图案，后期配合贴图形成很好的装饰效果（见图10-34）。

　　最后，在室内一侧制作门和楼梯模型结构（见图10-35和图10-36）。这样整个室内场景结构就全部制作完成了，效果如图10-37所示。

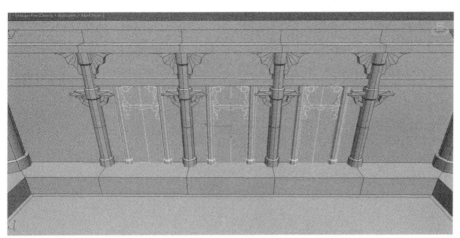

图10-31 复制窗户模型

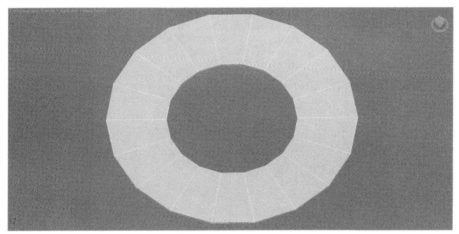

图10-32 创建Tube模型

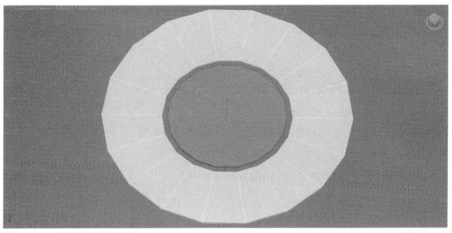

图10-33 创建圆柱体模型

图10-34　地面装饰效果

图10-35　制作室内门模型结构

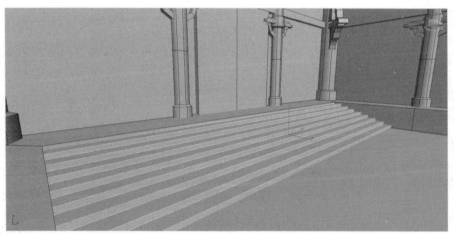

图10-36　制作楼梯模型结构

图10-37 完成后的室内场景效果

10.2.3 场景道具模型的制作

室内场景模型基本制作完成后,下一步我们需要对场景增加细节,这就需要制作大量的场景道具模型对场景进行填充和布置。这里需要制作的场景道具模型主要有两种,一种是分布在四周的书架模型,另一种是房间地面正中的场景装饰道具模型。

首先制作书架模型,在3ds Max视图中通过BOX模型进行多边形编辑,制作出图10-38中的形态。将模型进行镜像复制,并焊接交界处的模型顶点,这样就完成了书架一层模型的制作,这样制作的好处是后期绘制贴图只需要制作一半即可(见图10-39)。

接下来我们将制作完成的一层书架连续向下复制,完成整个书架的框架(见图10-40)。在书架背面利用BOX模型编辑制作装饰结构,同样利用镜像复制来完成(见图10-41)。然后在书架下方编辑制作支撑结构(见图10-42)。

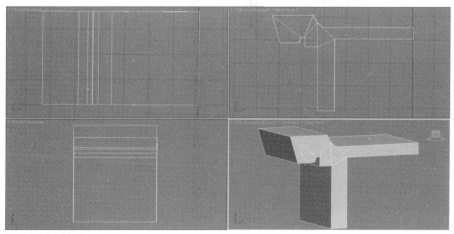

图10-38 编辑BOX模型

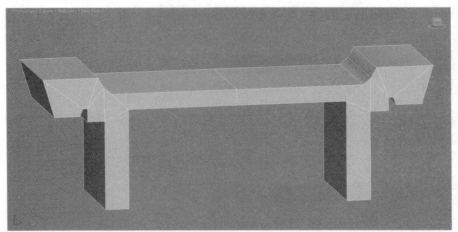

图10-39 镜像复制模型

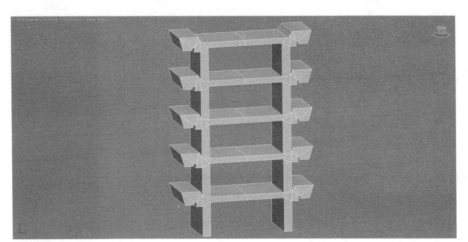

图10-40 复制模型

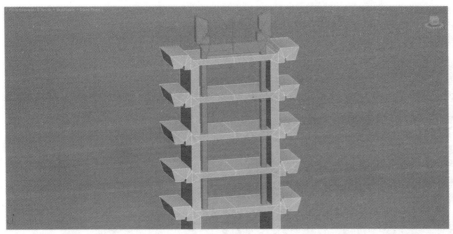

图10-41 制作装饰结构

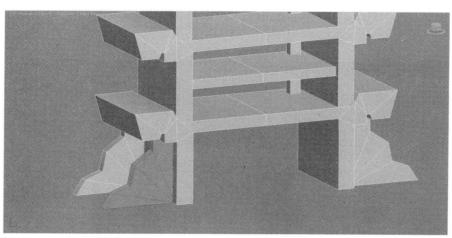

图10-42 制作支撑结构

书架基本框架模型制作完成后，我们需要再来制作书架上每一层摆放的书卷模型，书卷主要以堆放的形式呈现，后期通过贴图来进行表现，我们可以制作几种不同形态的模型，然后通过复制摆放来实现多样性的变化（见图10-43）。图10-44为书架模型制作完成的效果，因为书架要在场景中大量复制使用，为了避免重复性，在复制后我们可以对不同书架上的书卷模型进行调整，让其各自具有不同的变化，这也是游戏场景模型制作中常用的技巧（见图10-45）。

最后在书架模型前面可以制作一些木梯模型，以增加场景的细节和丰富度（见图10-46）。

接下来开始制作室内空间中心的装饰模型，首先在3ds Max视图中创建一个Tube模型，如图10-47所示。然后利用BOX模型在圆环一侧编辑制作一个支撑结构（见图10-48），将支撑结构轴心与Tube模型中心对齐，利用旋转复制完成其他三面模型的制作（见图10-49）。将Tube模型复制一份，将其放大并放置在支撑结构上方（见图10-50）。

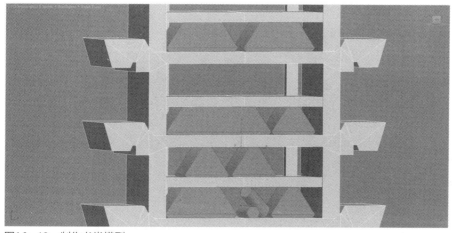

图10-43 制作书卷模型

图10-44 书架模型制作完成的效果

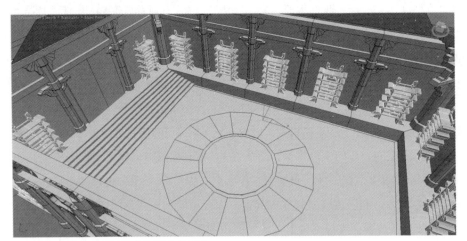

图10-45 将书架模型复制摆放在场景中

图10-46 制作木梯模型

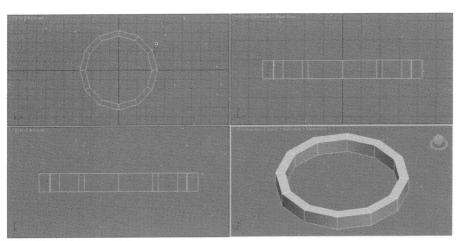

图10-47 创建Tube模型

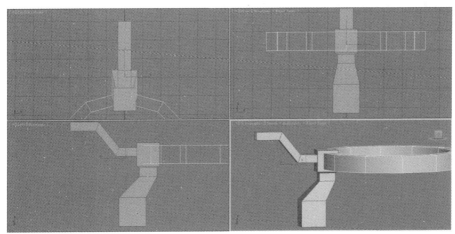

图10-48 制作支撑结构

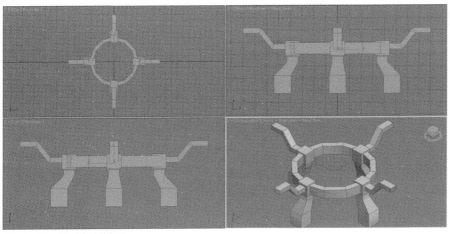

图10-49 旋转复制模型

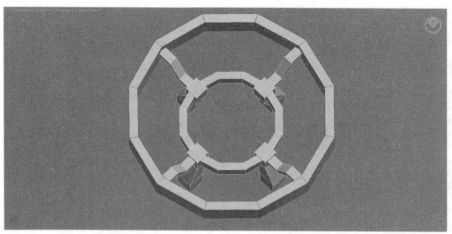

图10-50 复制Tube模型

接下来制作装饰模型下方的底座模型，在3ds Max视图中创建圆柱体模型，通过挤出、倒角和Inset等命令编辑多边形，制作出图10-51中的形态。利用BOX模型编辑制作底座四周的装饰结构（见图10-52）。

下面开始制作整个模型上方最复杂的装饰结构。首先在视图中创建圆环状的Tube模型（见图10-53）。以Z轴向为轴心在XY平面上将圆环模型进行旋转复制，随机复制几个圆环，然后将其中一个圆环向内缩小，在不同维度上随机旋转复制，形成复杂交错的模型结构（见图10-54）。然后在模型正中心创建球体模型并与底座结构进行拼接，完成整个模型的制作（见图10-55）。将制作完成的模型放置到地面中心位置，如图10-56所示。

最后在室内门口位置制作添加香炉模型（见图10-57）。这样整个室内场景空间模型部分就全部制作完成了，最终效果如图10-58所示。

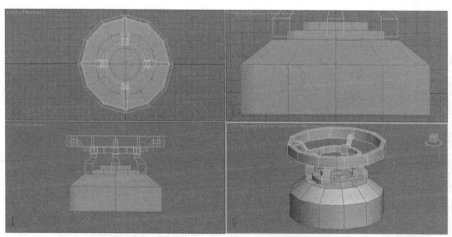

图10-51 制作底座模型

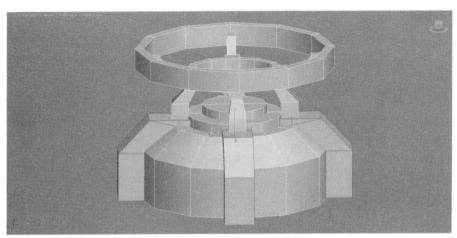

图10-52　制作装饰结构

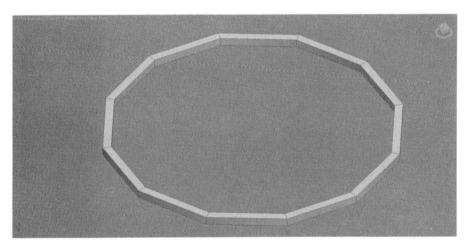

图10-53　创建Tube模型

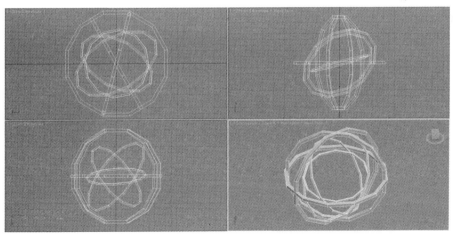

图10-54　制作圆环装饰模型结构

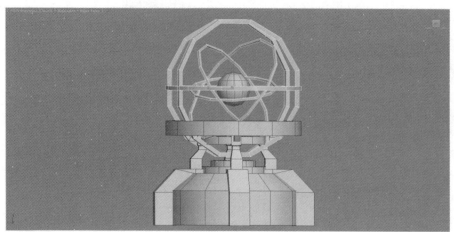

图10-55　添加球体模型

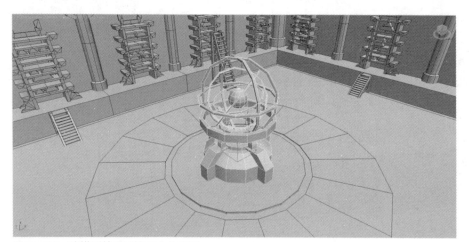

图10-56　将模型放置到地面中心位置

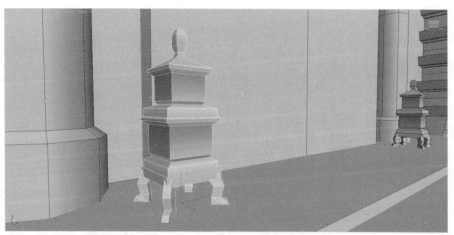

图10-57　制作添加香炉模型

图10-58 室内场景模型完成效果

10.2.4 场景贴图的处理

室内场景模型制作完成后,下面就是UV分展以及贴图的工作。其实对于游戏室内场景来说,模型UV的分展与建筑模型制作并没有太大区别,然而在贴图的制作上还是存在一些差异。游戏场景建筑通常规模体积较大,在贴图的绘制上以大结构为主,特别是距离玩家角色视角较远的建筑区域,其贴图绘制并不需要太多细节。而游戏室内场景通常在封闭空间中,其建筑规模相对较小,室内的建筑结构多距离玩家角色较近,所以其贴图通常要求具备更多的细节和更高的精度,这样才能实现良好的视觉效果。

本节实例中的室内场景贴图主要分为两大类。一类是用于空间建筑结构的模型贴图,比如墙体、地面等,这部分贴图多以循环贴图为主,一般像墙壁和屋顶四周的装饰结构主要是运用二方连续贴图(见图10-59和图10-60)。

图10-59 场景墙体的贴图方式

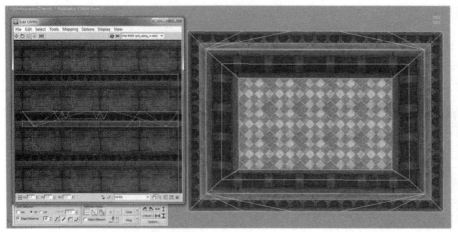

图10-60 场景屋顶的UV分展及贴图

地面和天花板则利用四方连续贴图，要根据实际场景的规模来调整UV网格的比例，同时地面四周通常会通过布线和贴图来制作包边结构（见图10-61）。对于循环贴图的UV分展方式与场景建筑模型基本相同，这里不再过多讲解。

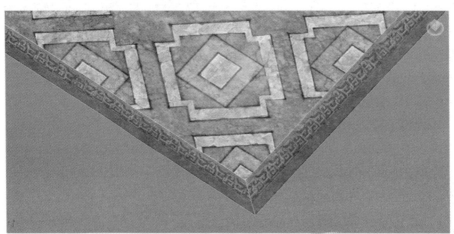

图10-61 地面包边结构

另一类是用于室内场景中的其他建筑结构以及场景装饰道具模型的贴图，主要是通过分展UV，然后再进行对应的贴图绘制。由于室内场景中存在大量的建筑装饰结构，不同的结构之间存在独立性和多样性，这种情况一般无法通过循环贴图来实现，所以必须通过独立专属贴图来实现整体效果，比如地面中心的圆形图案装饰以及立柱模型等（见图10-62和图10-63）。

另外，场景中包含大量的场景道具模型，例如书架以及室内中心的装饰模型等，这些模型贴图都需要对其每一部分UV进行单独拆分，然后再进行贴图绘制（见图10-64和图10-65）。

最后，我们可以利用Plane模型以及Alpha贴图来模拟制作体积光效果，以此烘托场景的整体氛围。利用Plane模型编辑制作成波浪状，然后添加体积光Alpha贴图，调整并将其放置在窗口位置，如图10-66所示。图10-67为室内场景全部贴图完成后在3ds Max视图中的效果。

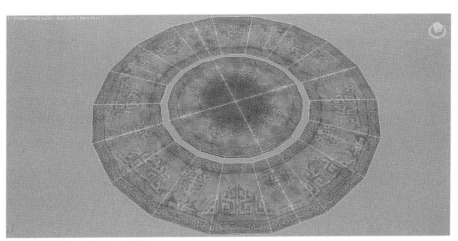

图10-62 地面装饰图案贴图

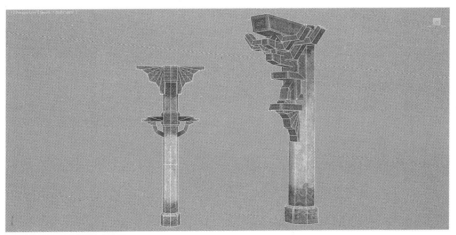

图10-63 立柱模型贴图

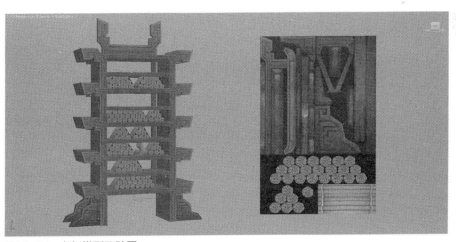

图10-64 书架模型及贴图

图10-65 场景装饰道具模型贴图效果

图10-66 添加体积光效果

图10-67 室内场景贴图制作完成后在视图中的效果

10.3 游戏引擎室内场景实例制作

在上一节中,我们主要讲解了三维游戏室内场景的制作方法,整体的制作流程都是在3ds Max软件中操作完成的,这主要是为了方便操作的讲解和学习。在实际游戏项目的场景制作中,我们利用3ds Max软件主要制作基础模型部分,后面真正场景的拼接、整合以及整体视觉效果的调整都是在游戏引擎地图编辑器中完成的,所以本节我们就来学习利用游戏引擎地图编辑器来制作游戏室内场景。与前面章节一样,这里我们也选择Unity引擎来作为讲解平台,下面开始本节内容的实际制作。

10.3.1 3ds Max模型的制作

本节的实例内容是在Unity中制作一个封闭的室内场景,整体制作分为两大步,首先在3ds Max中制作场景模型,然后导入Unity引擎中进行整体场景的拼建。在3ds Max中首先要制作出场景的整体结构框架,然后通过场景装饰模型丰富场景细节,最后再来制作场景中需要用到的各种场景道具模型。

首先制作室内场景的基本墙体模型结构,在3ds Max视图中创建一个十八边的基础圆柱体模型。将模型塌陷为可编辑多边形,删除顶面和底面,然后将剩余所有圆柱侧面的法线反转,通过编辑多边形命令制作成上下两层的室内结构(见图10-68)。

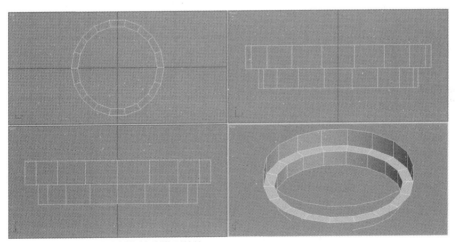

图10-68 利用圆柱体制作墙体模型结构

然后进入多边形边层级,选中下层墙体的所有纵向边线,通过Connect命令添加横向分段,然后通过多边形编辑,制作出墙围基石的模型结构(见图10-69)。

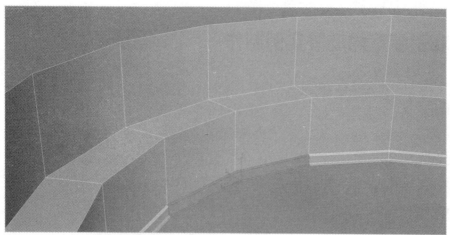

图10-69　制作墙围基石模型结构

下一步我们制作室内的地面模型结构，利用圆柱体模型得到圆形面片结构，然后对其进行多边形编辑，在面层级下利用Inset命令逐级向内收缩，制作地面的分段层次结构，将中间的环形面利用Bevel命令向下挤出，让地面结构富有凹凸起伏变化。另外，每一个环形地面结构要注意包边结构的制作，方便后期利用贴图来丰富结构细节（见图10-70）。

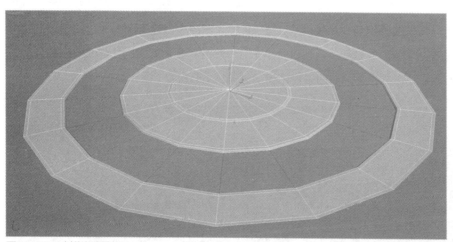

图10-70　制作场景地面

接下来制作场景内部的立柱模型，在视图中创建八边形基础圆柱体模型，将其塌陷为可编辑的多边形，通过Connect、Extrude以及倒角等命令制作出立柱下方的柱墩以及上方的立柱结构（见图10-71）。然后我们将制作完成的立柱模型复制一份，在其上方以及两侧制作添加装饰结构，并将立柱中间正面制作出内凹的模型结构（见图10-72）。我们将图10-72中左侧的立柱模型作为室内下层的支撑立柱，右侧为上层的支撑立柱。场景中的立柱结构一方面作为支撑结构，让整体建筑具有客观性和真实性；另一方面立柱作为装饰结构，可以用来增加和丰富场景细节。

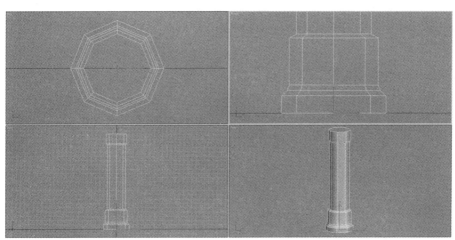

图10-71 制作立柱模型

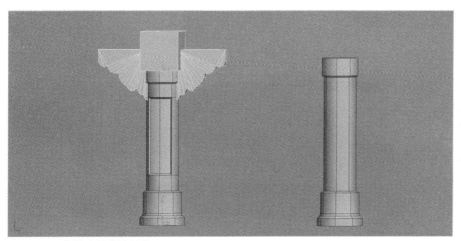

图10-72 制作立柱装饰结构

将场景中的墙体和地面模型对齐拼接到一起，然后将立柱模型与墙体的一条纵向边线对齐，进入3ds Max层级面板，将立柱的Pivot（轴心点）对齐到地面中心，通过旋转、复制的方式快速制作出其他的立柱模型（见图10-73）。最后在3ds Max视图中创建Tube圆管基础模型，通过多边形编辑，制作出下层立柱之间的连接横梁结构以及上层立柱下方的墙面基石结构（见图10-74）。

室内的整体框架模型制作完成后，接下来为模型添加贴图，墙面为四方连续的石砖贴图，立柱和横梁都为带有雕刻纹理的贴图（见图10-75）。地面外围为木质贴图，中间为石砖贴图，内圈为带有雕刻纹理的石质贴图，中心是一张带有完整图案的独立贴图（见图10-76）。在上层墙体的立柱之间制作添加窗口装饰模型（见图10-77）。图10-78为室内场景整体贴图制作完成后的效果。

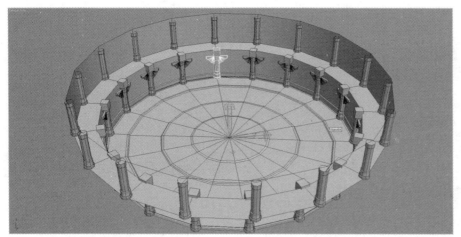

图10-73 旋转复制立柱

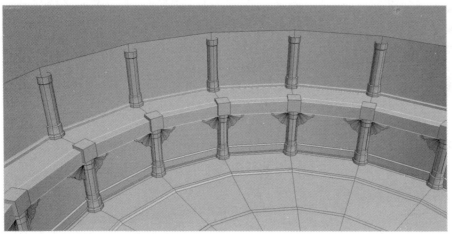

图10-74 制作横梁及墙面基石结构

图10-75 墙面、立柱和横梁模型的贴图

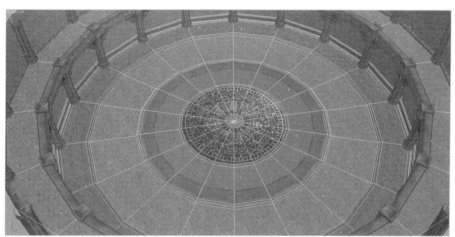

图10-76 地面的贴图处理

图10-77 制作添加窗口装饰模型

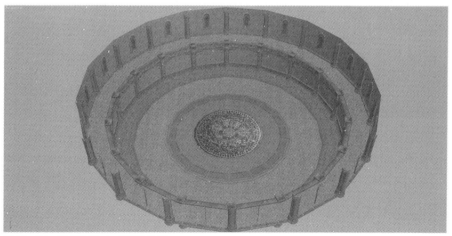

图10-78 贴图制作完成后的效果

下面我们制作室内的屋顶结构，在3ds Max视图中创建一个半球模型，将半球顶部的多边形面删除，上方再创建一个完整的半球模型，两个半球之间的接缝处利用Tube模型结构相衔接（见图10-79）。因为要作为室内结构，所以要将模型整体进行法线反转，这样室内屋顶的模型结构就制作完成了。

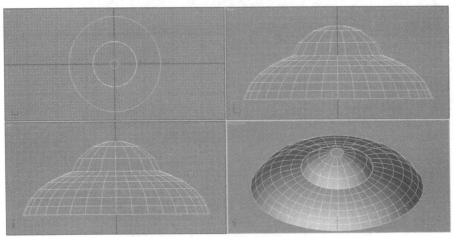

图10-79　制作室内屋顶模型结构

然后为屋顶模型添加贴图，下层半球我们添加一张带有雕刻纹理的石砖四方连续贴图，顶层半球为其添加一张带有星座图案的完整独立贴图（见图10-80）。

图10-80　屋顶的贴图效果

接下来我们在视图中导入一个已经制作完成的望远镜场景道具模型，模型主要由镜筒和底座两部分构成（见图10-81）。其实，望远镜作为场景道具模型并不能在3ds Max中整合到室内场景中，最后需要单独进行导入，在Unity引擎编辑器中进行场景拼合，这里我们将其导入场景当中是为了制作与望远镜相关的室内场景结构。在镜筒与墙面相交的位置制作出窗体结构，让望远镜模型可以合理地从室内延伸到建筑外部（见图10-82）。

图10-81　望远镜模型

图10-82　制作墙面窗口结构

接下来需要制作出室内空间的正门结构（见图10-83）。除此以外，还需要制作一些其他的场景道具模型，如水晶、地球仪、石像雕塑、书橱等（见图10-84）。这些场景道具模型都需要单独进行导出，然后在Unity引擎编辑器中导入调用。

图10-83　制作室内正门结构

图10-84 水晶、地球仪、石像雕塑、书橱等场景道具模型

10.3.2 模型的优化与导出

场景模型制作完成后,在正式导出为FBX文件前还需要对模型资源进行优化处理。在模型的制作过程中,我们是利用完整的几何体来进行编辑制作的,当这些模型真正拼合到场景中时,会由于室内场景的空间和结构发生相互遮挡,例如模型与室内场景地面相接的底部,或者模型靠近墙面的多边形面。这些多边形的面片结构会出现在玩家角色视角永远不可能看到的死角区域,我们需要对这些模型面进行删除,以保证资源导入引擎后的优化显示。每个模型结构被删除的面片可能并不是很多,但随着模型数量的增加,这些优化处理将显得极为必要。

首先选中室内场景上层立柱和横梁插入到墙壁内的多边形面片结构,可以利用顶视图来快速选取(见图10-85)。我们发现全部被选择的多边形面有300余个,而这仅是对于场景上层结构的优化,所以累计来看,删除废面是非常必要的一步。然后利用同样的方法选择删除场景下层装饰立柱和横梁与墙面相交的多边形面并进行删除操作(见图10-86)。除了室内场景模型外,场景道具模型也需要对其进行优化处理,例如望远镜模型延伸到场景外面的镜头部分,我们可以将面片选中并进行删除(见图10-87)。

模型资源优化处理结束后,就可以将模型进行导出操作了。将模型从3ds Max中导出前,需要对系统单位以及比例大小进行设置。打开3ds Max菜单栏Customize(自定义)菜单下的Units Setup选项,单击System Unit Setup按钮,将系统单位设置为Centimeters(厘米)(见图10-88)。

接下来在室内场景视图中创建一个长、宽、高分别为50厘米、50厘米、180厘米的BOX模型,用来模拟正常人体的大小比例(见图10-89)。我们发现相对于模拟人体,场景的整体比例太小了,所以需要利用缩放工具对所有场景模型进行等比例整体放大(见图10-90)。

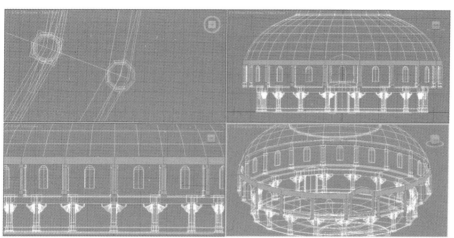

图10-85　删除上层立柱与横梁废面

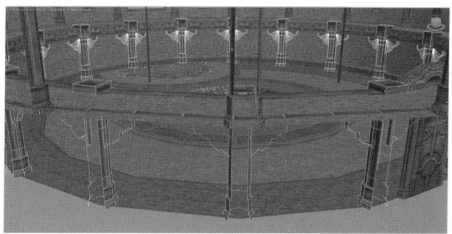

图10-86　删除下层立柱和横梁与墙面相交的废面

图10-87　优化望远镜模型

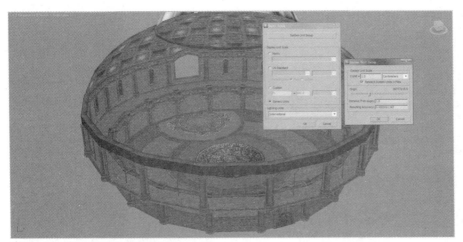

图10-88 设置3ds Max系统单位

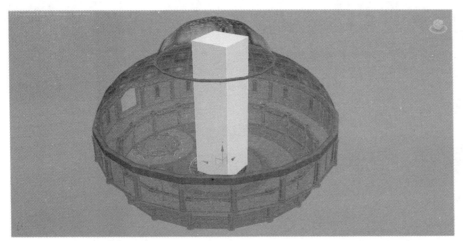

图10-89 创建BOX模型

图10-90 将场景模型等比例整体放大

调整好模型比例后，就可以对其进行导出了。将所有模型的Pivot（轴心点）归置到模型的中心位置，然后将模型位置调整到坐标系原点，将模型的名称与模型材质球名称相统一。选择File（文件）菜单下的Export命令，逐一选择需要导出的模型，利用Export Selected命令将模型导出为FBX格式文件。

10.3.3 游戏引擎中场景的制作

场景资源导出完成后，我们启动Unity引擎编辑器，首先单击File菜单下的New Project命令创建新的游戏项目，在弹出的面板中设置项目文件夹的路径位置以及导入Unity预置资源。然后打开创建的项目文件夹，在Assets资源文件中创建Object文件夹，用来存放FBX模型以及贴图资源，Object文件夹下的Textures文件夹用来存放模型贴图，Materials文件夹是系统自动生成存放模型材质球的位置（见图10-91）。

图10-91 创建项目文件夹

将各种资源文件复制到Assets目录下后，我们就可以在Unity引擎的Project项目面板中进行查看和调用。接下来将室内场景模型以及各种场景道具模型用鼠标从项目面板拖曳到Unity场景视图中，由于室内场景都是在封闭的空间中，所以在利用Unity编辑器进行制作的时候无须创建Terrain地形，接下来的所有操作都是在制作好的室内场景模型中进行搭建和拼接（见图10-92）。

在场景模型整合摆放前，需要对所有导入的场景模型进行材质Shader的设置。我们可以在项目面板中选择模型，然后在Inspector面板中对其材质和贴图参数进行设置，也可以在项目面板中直接选择模型对应的材质球进行设置。首先在项目面板Materials目录下选择望远镜模型的材质球，然后将Shader设置为Bumped Specular（法线高光）模式，设置其主色调和高光颜色，同时利用Shininess参数设置高光的反光区域范围（见图10-93）。

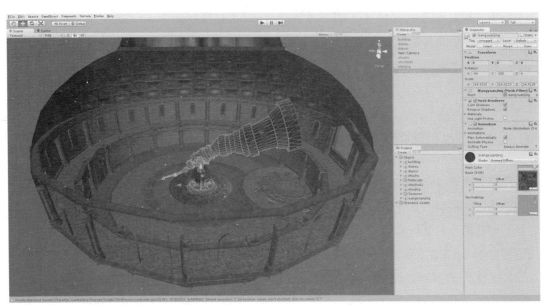

图10-92　将模型导入Unity场景视图

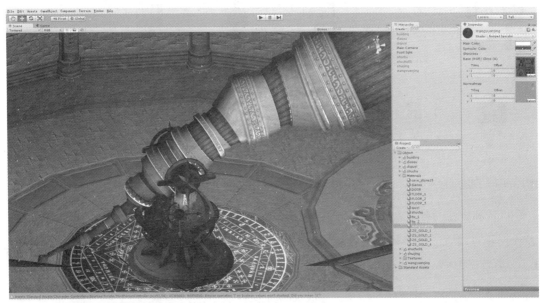

图10-93　设置望远镜模型材质球Shader

利用同样的方法对其他模型的Shader进行设置，将书橱和地球仪模型的材质球Shader设置为VertexLit（顶点）模式，分别设置材质的主色调、高光色、自发光颜色以及高光的反射范围（见图10-94）。

场景道具模型设置完毕后，接下来我们开始设置主体场景模型结构的材质球Shader。将场景中所有雕刻装饰结构的贴图Shader都设置为Bumped Specular模式，例如立柱、横梁、大门、窗户模型等，法线高光模式可以强调出雕刻结构的纹理凹凸质感。将地面和墙体的石砖材质Shader 设置为Bumped Diffuse模式（见图10-95）。

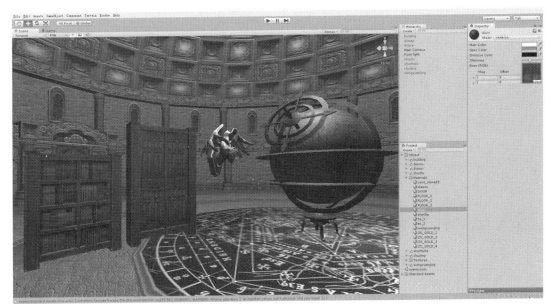

图10-94　设置书橱和地球仪模型的材质球Shader

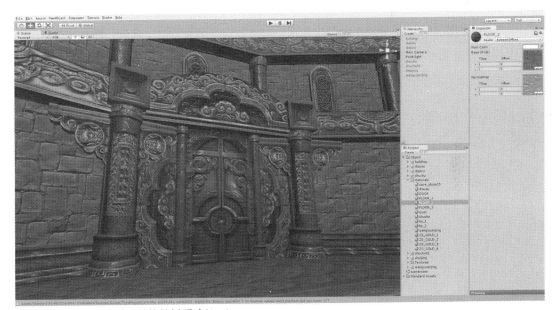

图10-95　设置室内模型结构的材质球Shader

所有Shader设置完成后，我们从项目面板的预置资源中调出第一人称角色控制器，并将其拖曳导入室内场景中，方便整个场景的查看与浏览（见图10-96）。这里需要注意的是，由于整个场景并没有制作碰撞盒，在运行游戏的时候角色控制器并不能与场景发生碰撞反应，所以需要对项目面板中场景模型进行设置，在Inspector面板中选中Meshes选项下的Generate Colliders复选框，这样整个室内场景就生成了与自身网格模型一致的碰撞盒，角色控制器也能够在场景中正常、真实地进行活动。

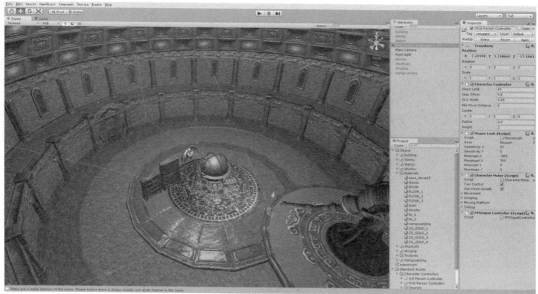

图10-96　导入第一人称角色控制器

接下来我们正式开始场景模型的摆放和整合。这里主要是将各种场景道具模型摆放到场景的各个位置，首先将水晶模型放置到室内屋顶的正中央，将其作为整个室内场景的虚拟主光源，也就是主光源在视觉效果上的可见模型（见图10-97）。

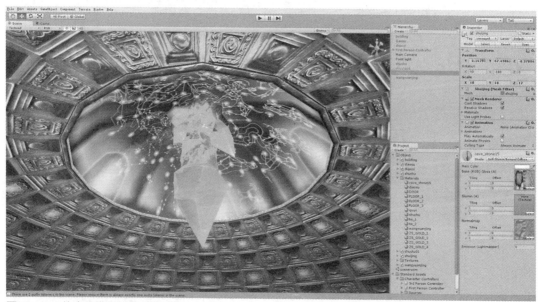

图10-97　将水晶模型放置到屋顶正中

将望远镜模型放置到地面平台中央,让镜筒延伸出墙面的窗口(见图10-98)。将雕塑模型和书橱模型利用复制的方式紧靠墙壁间隔错落摆放(见图10-99和图10-100)。这样室内场景的整体拼接和整合就完成了。

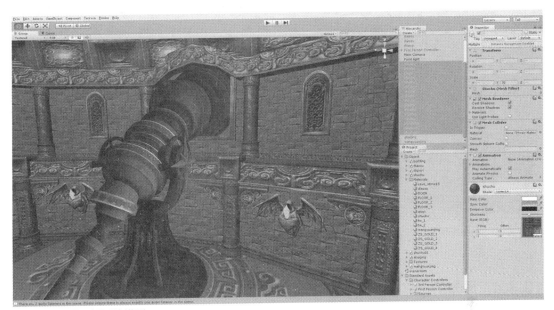

图10-98　放置望远镜模型

图10-99　放置雕塑模型

图10-100 将雕塑模型和书橱模型复制并间隔错落摆放

10.3.4 场景的优化与渲染

基本场景搭建完成后,我们需要为场景添加光源和特效,来增强室内场景的视觉效果,烘托场景的整体氛围。室内场景与野外场景不同,在野外场景中无论何时都会有一盏方向光来模拟日光效果;而在室内场景中照亮环境的光源基本来自室内,另外,有少数情况是光线透过窗户由室外照射进室内。本节实例场景为全封闭的场景结构,我们需要在场景中设定一盏主体光源用来照亮全局环境,还需要设定若干次级光源来辅助照亮场景。

我们将室内屋顶正中央的水晶作为场景的虚拟主光源,在它附近创建一盏Point Light(点光源)来照亮整个场景,这里可以直接利用之前为了照亮场景所创建的点光源来进行参数修改,将Range设置为60,光源色调设置为淡绿色,灯光强度设置为6,选中Draw Halo复选框,可以形成光晕效果(见图10-101)。

将墙壁雕塑上的水晶作为次级虚拟光源,在其附近创建Point Light(点光源)来辅助照亮场景,将Range设置为10,灯光强度设置为2.5,利用复制的方式快速完成其他次级虚拟光源的制作(见图10-102)。

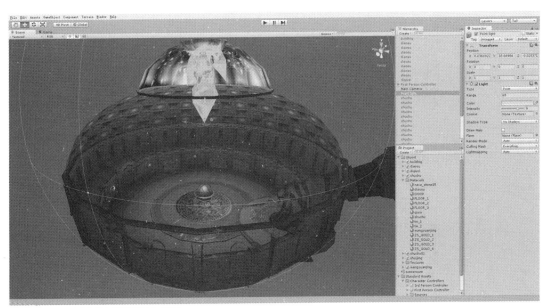

图10-101　创建并设置场景主光源

图10-102　创建次级虚拟光源

然后我们需要对Unity场景设置一个天空盒子，虽然整个场景为封闭的室内环境，但从望远镜伸出的窗口可以看到室外环境。选择Edit菜单下的Render Settings命令，在Inspector面板中为Skybox Material添加预置资源中的Moon Shine Skybox（见图10-103）。

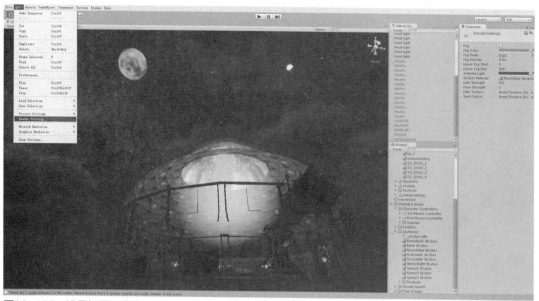

图10-103 设置场景天空盒子

接下在场景视图中创建一个Particle System粒子系统，Shape选择Cone，调整发射器的形状为圆饼状，激活Limit Velocity Over Time选项，将Speed参数设置为0（见图10-104）。这样就形成了圆点粒子原地闪烁的效果。然后将粒子发射器放置到屋顶的半球形穹顶中央，用来模拟星空效果（见图10-105）。最后在场景中央水晶下方添加一束体积光特效，这样整个室内场景就制作完成了（见图10-106）。我们可以将制作完成的游戏场景利用File菜单下的Building Settings命令进行导出，将其输出为各个平台下可独立运行的游戏程序。

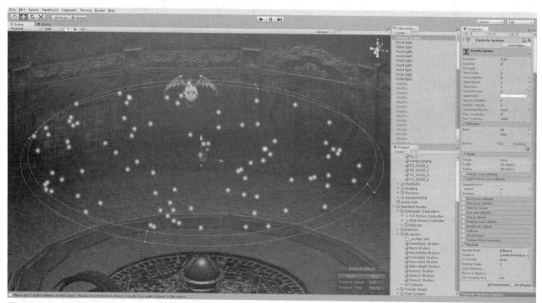

图10-104 创建Particle System粒子系统

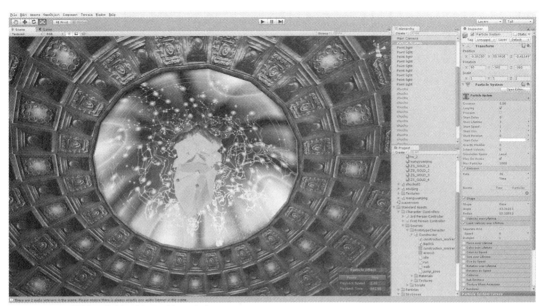

图10-105 将粒子发射器放置到穹顶中央

图10-106 最终完成的场景效果